"快乐读书吧"阅读书目

方洲树人／主编

灰尘的旅行

高士其／著

时代文艺出版社

SHIDAI WENYI CHUBANSHE

图书在版编目（CIP）数据

灰尘的旅行 / 高士其著. -- 长春：时代文艺出版
社, 2020.1 (2024.1重印)
（"快乐读书吧"阅读书目）

ISBN 978-7-5387-6337-9

Ⅰ.①灰… Ⅱ.①高… Ⅲ.①细菌－青少年读物
Ⅳ.①Q939.1-49

中国国家版本馆CIP数据核字 (2023) 第054815号

出 品 人　吴　刚
主　　编　方洲树人
责任编辑　卢宏博
封面设计　上智博文文化传媒
排版制作　隋淑凤

本书文字作品由中国文字著作权协会授权
电话：010-65978917　传真：010-65978926　E-mail：wenzhuxie@126.com

"快乐读书吧"阅读书目

灰尘的旅行
HUICHEN DE LÜXING

高士其 著

出版发行 / 时代文艺出版社
地址 / 长春市福祉大路5788号　龙腾国际大厦A座15层　邮编 / 130118
总编办 / 0431-81629751　发行部 / 0431-81629758
官方微博 / weibo.com/tlapress
印刷 / 鸿博睿特（天津）印刷科技有限公司
开本 / 690mm×960mm　1 / 16　字数 / 238千字　印张 / 19.75
版次 / 2020年1月第1版　印次 / 2024年1月第7次印刷　定价 / 36.50元

图书如有印装错误　请寄回印厂调换

前言

"快乐读书吧"：读书的藏宝图

统编语文教材已在全国的中小学投入使用，这对广大中小学生来说是一件大好事。新版语文教材对学生的课外阅读给予了前所未有的重视，这提示我们，阅读课外书不再是语文学习可有可无的要求，而是学生学好语文和提高语文素养必须要做的事，也是学好其他各门学科的基础。

大家都知道广泛阅读课外书的重要性，但普遍缺少一套行之有效的阅读整本书的方法体系。那么这套体系藏在哪里？就藏在新版语文教材中。小学语文教材推荐图书的栏目叫"快乐读书吧"，初中语文教材推荐图书的栏目叫"名著导读"。这两个栏目，一方面为学生推荐了必读书目，另一方面也为广大师生勾勒出了阅读整本书的方法体系。比如做夹批、旁批、摘抄、读书笔记；再比如阅读小说，要学会把握人物形象和梳理故事情节等。

下面我们专门把"快乐读书吧"中提到的读书方法，按低、中、高年级三个学段为大家梳理出来。

一 低年级学段（一、二年级）

这一阶段的学生还处于识字阶段，是初学读书，所以所教授的读书方法比较简单。

（一）学会识读封面

学生应通过识读封面，了解书名、作者，还可以通过观察封面的图画来了解书中的人物及环境。借助封面，学生可以想一想这本书的内容。

浏览目录，可以让学生初步了解书中涉及的章节和大致内容，学生可以挑选自己喜欢的章节进行阅读。

（三）学会看插图

书中的插图，是学生最喜欢看的，学生可以通过插图直观地了解文中的人物和情节。

二 中年级学段（三、四年级）

这一阶段，学生要阅读童话、寓言和神话这三种不同文体的文学作品，此外还要阅读像《十万个为什么》这样的科普著作。在这一阶段，学生要逐步掌握以下阅读方法：

（一）了解童话、寓言、神话、科普著作等不同文体的特征

例如，寓言总是先讲一个故事，然后再根据故事阐释生活中的道理。所以学生在读寓言的时候，先要读懂故事的内容，再联系现实，体会寓言所揭示的道理。

神话中的人物总是身躯伟岸、能力超群，今日填海，明日补天，后日又要追赶太阳……为什么都是这么神奇的故事呢？因为在远古时代，人类对自然、宇宙有很多疑问，那时还没有科学的观念，他们就通过想象来思考和探索世界。

（二）做批注与摘抄

学生读书的时候，有时要写出自己的疑问，有时要标示出重点，有时要画出一些精彩的词句，有时会在书上写出自己的一些观点。这就是做批注的读书方法。

学生看到书中精彩的词句，还可以把它们抄在本子上，这就是摘抄的读书方法。

（三）了解人物与情节

阅读文学作品时，学生首先会被故事情节吸引，接着书中的人物会浮现在

学生的头脑中。所以把握人物形象、了解故事情节，是阅读童话、神话等文学作品最基本的方法。

三 高年级学段（五、六年级）

这一阶段的学生识字量已经很大，可以阅读一些经典小说了，例如四大名著青少版、高尔基的《童年》等。阅读方法更加全面，也更有深度。

（一）了解不同文体的特点

了解民间故事及章回体小说等不同文体的特点。

（二）做读书笔记，写读后感

做读书笔记，可以摘抄书中的词句，也可以写出自己的疑问和感受。写读后感要介绍书中的内容，更要写出自己的感想。

（三）阅读小说的方法：了解人物、情节，厘清人物的关系

小说中的人物往往是立体的、多面的，我们要学会全面地把握人物的性格。

小说中的情节往往是曲折的、复杂的，我们要学会欣赏跌宕起伏的情节，还要学会理解情节中蕴含的思想。

如果小说的人物关系太复杂，例如《红楼梦》，我们要学会画人物关系图谱，这样可以快速地帮我们厘清人物关系。

现在我们明白了，"快乐读书吧"是个藏宝图，阅读方法之宝就藏在里面。为了把里面的宝贝都挖出来，编者专门设计了一套阅读课外书的方法体系。为了让这个体系好懂好用，编者增添了一些内容：

首先，很多阅读方法有连续性，三年级讲到了，四、五年级还要一直使用下去。例如摘抄、分析人物关系等。

其次，老师在语文课上会讲解很多分析文章的方法，例如记叙文中的外貌描写、心理描写等，说明文中常用的说明方法等。这些方法是老师讲解单篇文章时常讲到的，"快乐读书吧"省略了，在我们的阅读方法体系中会增补进去。

下面我们用表格的方法来展示这套阅读方法体系：

年级	阅读方法
低年级 （一、二年级）	① 学会以下阅读方法： （1）**学会识读封面**：学会了解书名、作者，通过封面上的书名和图画，了解一本书的大致内容。 （2）**学会浏览目录**：借助目录，学会初步了解章节设置，并挑选喜欢的章节阅读。 （3）**学会看插图**：通过插图，了解书中的人物和情节。
	② 日积月累，积累好词、好句。
	③ 简单认识人物。
	④ 了解故事情节。
中年级 （三、四年级）	① 了解童话、寓言、神话、科普著作不同文体的特征。 （1）**童话**：童话是充满虚构和想象的文体，阅读时要充分发挥想象；通过阅读童话，感悟生活的真谛，领悟做人的道理。 （2）**寓言**：先要读懂故事内容，再体会故事中的道理；联系现实中的人和事，更加透彻地理解故事。 （3）**神话**：神话是古代的人对宇宙一些宏观问题的看法，神话中的人物都具有神性。 （4）**科普著作**：用批注的形式列出举例子、列数字、打比方、做比较、下定义、分类别、做引用、摹状貌等说明方法；梳理说明文的内容结构。
	② 了解人物的性格。
	③ 梳理故事情节。
	④ 学会做批注。

	⑤	读书笔记跟我学：摘抄书中的好词、好句、好段，并说出理由。
	⑥	写读后感。
高年级 （五、六年级）	①	了解民间故事和章回体小说的文体特征。
	②	学会建立小说中主要人物的档案。
	③	小说中人物众多，学会厘清人物关系，做人物关系图谱。
	④	梳理故事情节，学会建立故事情节档案。
	⑤	学会做批注。
	⑥	做读书笔记（摘抄）。
	⑦	写读后感。

　　为了让学生快速掌握以上阅读方法，我们以一些经典内容为例，把这些阅读方法以插件的形式穿插在书中。这样既不会破坏文本的完整性，又能为学生起到示范作用。另外，我们不仅在正文后面附有读后感范文，供学生参考，而且设计了独立的小册子，可以让学生以练习的形式复习各种阅读方法。

　　我们相信，在老师的指导下，通过这样点面结合的阅读，学生一定会快乐地走入那神奇、广博的阅读世界。

扫码获取全书音频

目录 Contents

菌儿自传

灰尘的旅行

细胞的不死精神

菌儿自传

　　《菌儿自传》是高士其的代表作，全文以"菌儿"自述的方式写成。菌儿是千千万万细菌中的一员，在高士其笔下，菌儿时而在呼吸道里探险，时而在肠腔里开会，他生动地把一个个高深莫测的小细菌描写得活灵活现。高士其以幽默的笔调、通俗易懂的语言，把只能在显微镜下现出原形的微生物展现在我们面前，为我们积累科学知识提供了途径。

我 的 名 称

这一篇文章，是我老老实实的自述，是请一位曾直接和我见过几面的人用笔写出来的。

我自己不会写字，即便写出来，就是蚂蚁也看不见。

我也不曾说话，就是有一点声音，恐怕苍蝇也听不到。

那么，这位用笔记的人，怎样接收我心里所要说的话呢？

那是暂时的一种秘密，恕我不公开吧。

闲话少讲，且说我为什么自称作"菌儿"。

我原想取名为微子，可惜中国的古人，已经用过了这名字，而且我嫌"子"字有点大人气，不如"儿"字谦卑。

自古中国的皇帝，都称为天子。这明明要挟老天爷的声名架子，以号召群众，使小百姓们吓得不敢抬头。古来的圣贤名哲，又都好称为子，什么老子、庄子、孔子、孟

子……"子"字未免太名贵了，太大模大样了，不如"儿"字来得小巧而逼真。

我的身躯，永远是那么幼小。人家由一粒细胞出身，能积成几千、几万、几万万。细胞变成一根青草、一棵白菜、一株挂满绿叶的大树，或变成一条蚯蚓、一只蜜蜂、一条大狗、一头大牛，乃至于大象、大鲸，看得见，摸得着。我呢，也是由一粒细胞出身，虽然分得格外快、格外多，但只恨它们不争气、不团结，所以变来变去，总是那般一盘散沙似的，孤单单的，一颗一颗，又短又细又寒酸。惭愧惭愧，因此今日自命作"菌儿"。为"儿"的原因，是小。

至于"菌"字的来历，实在很复杂，很渺茫。屈原所作《离骚》中，有这么一句："杂申椒与菌桂兮，岂惟纫夫蕙茝。"这里的"菌"，是指一种香木。这位失意的屈先生，拿它来比喻贤者，以讽刺楚王。我的老祖宗有没有那样清高，那样香气熏人，也无从查考。

不过，现代科学家都已承认，菌是生物中之一大类。菌族菌种，很多很杂，菌子菌孙，布满地球。你们人类所最熟识者，就是煮菜煮面所用的蘑菇、香蕈之类，那些像小纸伞似的东西，黑圆圆的盖，硬短短的柄，

读懂说明方法

打比方：把一个个细菌个体比作一盘散沙，生动形象地说明了"菌"的独立性，生动又有趣。

做引用：具体说明了"菌"字的来历复杂与渺茫。

打比方：把蘑菇香蕈比作大汉，生动形象地说明了菌类的形状，增强了文章的趣味性。

3

读懂说明方法

实是我们菌族里的大汉。

当心哪！勿因味美而忘毒，那大菌，有的很不好惹，会毒死你们贪吃的人哪。

至于我，我是菌族里最小最小、最轻最轻的一种。小得使你们肉眼看得见灰尘的纷飞，看不见我们也夹在里面飘游；轻得我们好几十万挂在苍蝇脚下，它也不觉着重。真的，我比苍蝇的眼睛还小 1000 倍，比顶小一粒灰尘还轻 100 倍哩。

做比较、列数字：把细菌与苍蝇的眼睛和一粒小灰尘相比，具体形象地说明了细菌的"小"和"轻"。

因此，自我的始祖，一直传到现在，在生物界中，混了这几千万年，没有人知道有我。大的生物，都没有看见过我，都不知道我的存在。

不知道也罢，我也乐得过着逍逍遥遥的生活，没有人来搅扰。天晓得，后来，偏有一位异想天开的人，把我发现了，我的秘密，就渐渐地泄露出来，从此多事了。

这消息一传到众人的耳朵里，大家都惊惶起来，觉得我比黑暗里的影子还可怕。然而人们始终没有和我面对面会见过，仍然是莫名其妙，恐怖中，总带着半疑半信的态度。

"什么'微生虫'？没有这回事，自己受了风，所以肚子痛了。"

"哪里有什么病虫？这都是心火上冲，所以头上脸上生出疖子疔疮来了。"

"寄生虫就说有，也没有那么凑巧，就爬到人身上来。我看，你的病总是湿气太重的缘故。"

这是我亲耳听见的三位中医对三位病家所说的话。我在旁暗暗地好笑。

他们的传统观念，病不是风生，就是火起，不是火起，就是水涌上来的，而不知冥冥之中还有我在把持活动。

因为冥冥之中，他们看不见我，所以又疑云疑雨地叫道："有鬼，有鬼！有狐精，有妖怪！"

其实，哪里来的这些魔物，他们所指的，就是我，而我却不是鬼，也不是狐精，也不是妖怪。我是真真正正、活活现现、明明白白的一种生物，一种最小最小的生物。

既是生物，为什么和人类结下这样深的仇，天天害人生病，时时暗杀人命呢？

说起来也话长，我真是有冤难申，在这一篇自述里面，当然要分辩个明白，那是后文，暂搁不提。

因为一般人，没有亲见过，关于我的身世，都是出于道听途说（说明了一般人对细菌并没有深入全面的认识，现有的认识都是没有根据的传闻），传闻失真，对我未免胡乱地称呼。

寄生虫，病虫，微生虫，都有一个字不对。我根本就不是动物的分支，当不起"虫"字这尊号。

称我为寄生物、微生物，好吗？太笼统了。配得起这两个名称的，又不止我这一种。

唤我病毒吗？太没有生气了。我虽小，仍是有生命的呀！

病菌，对不对？那只是我的罪名，并不是我的职业，只算是我非常时期内的行动，真是对不起。

是了，是了，微菌是了，细菌是了。那固然是我的正名，却有点科学绅士气，不合乎大众的口头语，而且还有点西洋气，把姓、名都颠倒了。

菌是我的姓，我是菌中的一族。以后你们如果有机缘和我见面，请不必大惊小怪，从容地和我打一个招呼，叫声菌儿好吧？

读书笔记跟我学

好词积累

异想天开　莫名其妙　半疑半信　冥冥之中　疑云疑雨

道听途说　大惊小怪

（摘录理由：人类在探索细菌起源时感到的困惑与迷茫。）

优美句段

1.我呢，也是由一粒细胞出身，虽然分得格外快、格外多，但只恨它们不争气、不团结，所以变来变去，总是那般一盘散沙似的，孤单单的，一颗一颗，又短又细又寒酸。

（摘录理由：以"自述"的口吻，用拟人化的手法，将"细菌是单细胞生物"描述得通俗易懂。）

2.那些像小纸伞似的东西，黑圆圆的盖，硬短短的柄，实是我们菌族里的大汉。

（摘录理由：通过形象生动的描写，说明了菌类中真菌的样貌特征。）

阅读感悟

通过中国传统文化来解读细菌名称，生动有趣，让人们在轻松愉悦中了解到细菌名称的起源。

我 的 籍 贯

我们姓菌的这一族，多少总不能和植物脱离关系吧。

植物是有地方性的，这也是为着气候的不齐。热带的树木，移植到寒带去，多活不成。你们一见了芭蕉、椰子之面，就知道是从南方来的。荔枝、龙眼的籍贯是广东与福建，谁也不能否认。

我菌儿却是地球通，不论是地球上哪一个角落里，只要有一些水汽和有机物，我都能生存。

我本是一个流浪者。

像西方的吉卜赛民族，流浪成性，到处为家。

像东方的游牧部落，逐着水草而迁移。

又像犹太人，没有了国家，散居异地谋生，都能个个繁荣起来，世界上大富之家，不多是他们的子孙吗？

这些人的籍贯，都很含混。

我又是大地上的清道夫，替大自然清除

读懂说明方法

做比较：把菌儿和芭蕉、椰子、荔枝、龙眼相比，具体形象地说明了细菌的广泛存在。

打比方：把细菌比作清道夫，生动形象地说明了细菌的作用和生活范围，增强了文章的趣味性。

腐物烂尸，全地球都是我工作的区域。

我随着空气的动荡而上升。有一回，我正在天空 4000 米之上飘游，忽而遇见一位满面都是胡子的科学家，驾着氢气球上来追寻我的踪迹。那时我身轻不能自主，被他收入一只玻璃瓶子里，带到他的实验室里去受罪了。

我又随着雨水的浸润而深入土中，但时时被大水所冲洗，洗到江河湖沼里面去了。那里的水，我真嫌太淡，不够味，往往不能得一饱。

犹幸我还抱着一个很大的希望：希望娘姨大姐、贫苦妇人，把我连水挑上去淘米洗菜，洗碗洗锅；希望农夫工人、劳动大众，把我一口气喝尽了；希望由各种不同的途径，到人类的肚肠里去。

　　　　人类的肚肠，是我的天堂，

　　　　在那儿，没有干焦冻饿的恐慌，

　　　　那儿只有吃不尽的食粮。

然而事情往往不如意料的美满，这也只怪我自己太不识相了，不安分守己，饱暖之后又肆意捣毁人家肚肠的墙壁，于是乱子就闹大了。那个人的肚子，觉着一阵阵的痛，就要吞服蓖麻油之类的泻药，或用灌肠的手法，不是油滑，便是稀散，使我立足不定，这么一泻，就被泻出肛门之外了。

从此我又颠沛流离，如逃难的灾民一般，幸而不至于饿死，辗转又归到土壤了。初回到土壤的时候，一时寻不到食物，就吸收一些空气里的氮气，以图暂饱。有时又把这些氮气化成了硝酸盐，直接和豆科之类的植物换取别的营养料。有时遇到了鸟兽或人的尸身，那是我

的大造化，够我几个月乃至几年享用了。

天晓得，20世纪以来，美国的微生物学者，渐渐注意了伏于土壤中的我。有一次，我被他们掘起来，拿去化验了。

我在化验室里听他们谈论我的来历。

有些人就说，土壤是我的家乡；有的以为我是水国里的居民；有的认为我是空气中的浪子；又有的称我是他们肚子里的老主顾。各依各人的实验所得而报告。

其实，不但人类的肚子是我的大菜馆，人身上哪一块不干净，哪一块有裂痕伤口，哪一块便是我的酒楼茶店。一切生物的身体，不论是热血或冷血，也都是我求食借宿的地方。只要环境不太干，不太热，我都可以生存下去。

干莫过于沙漠，那里我是不愿去的。埃及古代帝王的尸体，所以能保存至今而不坏者，也就为着我不能进去的缘故。干之外再加以防腐剂，我就万万不敢去了。

<u>热到了60摄氏度以上，我就渐渐没有生气，一到了100摄氏度，我就没有生望了。我最喜欢的是暖血动物的体温，那是在37摄氏度左右。</u>热带的区域，既潮湿，又温暖，所以我在那里最惬意，最恰当。因此又有人认为我的籍贯大约是在热带。

世界各国人口的疾病和死亡率，据说

列数字：具体准确地说明了细菌的存活温度，使说明更有说服力。

读懂说明方法

中国与印度最高，于是众人的目光又都集中在我的身上了，以为我不是中国籍，便是印度籍。

最后，有一位欧洲的科学家站起来，说我应属于荷兰籍。

说这话的人以为，在17世纪以前，人类始终没有看见过我，而后来发现我的地方是在荷兰代尔夫特市政府的一位看门老头的家里。

这事情发生于1675年。

这位看门先生是制显微镜的能手。他所制的显微镜，都是单用一片镜头磨成的，并不像现代的复式显微镜那么笨重而复杂，而他那些镜头的放大能力，却不弱于现代科学家所用的。我是亲尝过这些镜头的滋味的，所以知道得很清楚。

举例子：列举了科学家为了寻找细菌选取了各种各样的标本，具体真切地说明了科学家不断探索的精神。

这老头，在空闲的时候，便找些小东西，如蚊子的眼睛、苍蝇的脑袋、臭虫的刺、跳蚤的脚、植物的种子，乃至于自己身上的皮屑之类，选好哪个了就放在镜头下聚精会神地细看，那时我也夹杂在里面，有好几番都险些被他看出来了。

但是，不久，我终于被他发现了。

有一天，是雨天吧，我在一小滴雨水里面游泳，谁想到这一滴雨水，就被他寻去放在显微镜下看了。

他看见了我在水中活动的影子，就惊奇起来，以为我是从天而降的小动物。他看了又看，发疯似的。

又有一次，他异想天开（作者用这个成语表现了科学家在研究细菌的过程中大胆想象，勇敢求证的精神），把自己的齿垢刮下一点点来细看，这一看非同小可，我的原形都现于他的眼前了。

原来我时时都伏在那齿缝里面，想分吃一点"入口货"，这一次是我的大不幸，竟被他捉住了，使我族几千万年以来的秘密，一朝泄露于人间。

我在显微镜底下，东跳西奔，没处藏身，他眼也看红了，我身也疲乏了，一层大大厚厚的水晶上，映出他那灼灼如火如电的目光，着实可怕。后来他还将我画影图形，写了一封长长的信，报告给伦敦"英国皇家学会"，不久消息就传遍了全欧洲，所以至今欧洲的人，还有以为我是荷兰籍者。他们错以为发现我的地点就是我的发源地。

老实说，我就是这边住住，那边逛逛，飘飘然而来，渺渺然（"飘飘然"和"渺渺然"写出了菌儿来去无踪、行踪不定、四处游荡的特点）而去，到处是家，行踪无定，因此籍贯实在有些决定不了。

然而我也不以此为憾。鲁迅先生笔下的阿Q，那个大模大样的人物，籍贯尚且有些渺茫，何况我这小小的生物，素来不大为人们所注视，又哪里有记载可寻、历史可据呢？

不过，我既是造物主的作品之一，生物中的小玲珑，自然也有个根源，不是无中生有，半空中跳出来的，那么，我的籍贯，也许可从生物的起源这个问题上，寻出端绪来吧。但这问题并不是一时所能解决的。

最近，科学家用电子显微镜和科学装备，发现了原始生物化石。在非洲南部距今 31 亿年的太古代地层中，找到了长约 0.5 微米（1 微米是 1/1000 毫米）的杆状细菌遗迹，据说这是最古老的细菌化石。那么，我们菌儿祖先确是生物界原始宗亲之一了。这样，我的原籍就有证据可查了。

我的家庭生活

我正在水中沉浮，空中飘零，

听着欢腾腾一片生命的呼声，

欢腾腾赞美自然的歌声。

忽然飞起了一阵尘埃，

携着枪箭的人类陡然而来，

生物都如惊弓之鸟四散了。

逃得稍慢的都一一遭难了。

有的做了刀下之鬼；有的受了重伤；

有的做了终生的奴隶；有的饱了饥肠。

大地上充满了呻吟挣扎的喊声，

一阵阵叫我不忍卒听尖锐的哀鸣。

我看到不平事落荒而走。

我因为短小精悍，容易逃过人眼，就悄悄地度过了好几万载，虽然在 17 世纪的临了，被发觉过一次，幸而当时欧洲的学者，都当我是科学的小玩意，只在显微镜上瞪瞪眼，不认真追究我的性状，也就没有什么过不去的事了。

又挨过了两个世纪的辰光，法国出了一位怪学究，毫不客气地疑惑我是疾病的元凶，要彻底清查我的罪状。

读懂说明方法

无奈呀，我终于被囚了！

被囚入那无情的玻璃小塔了！

我看他那满面又粗又长的胡子，真是又惊又恨，自忖，这是我的末日到了。

也许因为我的种子繁多，不易杀尽，也许因为杀尽了我，断了线索，扫不清我的余党，于是他就暂养着我这可怜的薄命，在实验室的玻璃小塔里。

在玻璃小塔里，气候是和暖的，食物会源源不断地供给的，有如许的便利，一向流浪惯了的我，也顿时觉着安定了。从初进塔门到如今，足足混了 60 余年的光阴，因此这一段的生活，从好处着想，就说是我的家庭生活吧。

家庭生活是和流浪生活对立而言的。

然而，这玻璃小塔于我，仿佛也似笼之于鸟，瓶之于花，是牢狱的家庭，家庭的牢狱，有时竟是坟墓了，真是上了科学先生的当。

打比方、做比较：具体形象地说明了细菌在培养皿中的拘束性。

虽说上当，毕竟还有一线光明在前面，也许人类和我的误会，就由这里进而谅解了。

把牢狱当作家庭；

把怨恨当成爱怜；

把误会化为同情。

对付人类只有这办法。

这玻璃小塔，是由亮晶晶、透明、一尘不染、强酸不化、烈火不攻、水泄不通、薄薄的玻璃造成的，只有塔顶那圆圆的天窗可以通气，又塞了一团棉花（从质地、外观、性能等方面，展现了玻璃小塔大致的轮廓与通透的特点，形象而传神）。

说也奇怪，这塔口的棉花塞，虽有无数细孔，气体可以来往自如，却像《封神榜》里的天罗地网、《三国演义》里的八阵图，任凭我有何等通天的本领，一冲进里面，就绊倒了，迷了路，逃不出去，所以看守我的人，是很放心的。

过惯了户外生活的我，对于实验室中的气温，本来觉着很舒适，但有时刚从人畜的身内游历一番，回来就嫌太冷了。于是实验室里的人，又特别为我盖了一间暖房，那房中的温度和人的体温一样，门口装有一只计温的电表，表针一离了 37 摄氏度的常轨，看守的人，或自动控制装置，就来拨动拨动、调理调理，总怕我受冷。

记得有一回，胡子科学先生的一个徒弟，带我下乡去考察，还要将这玻璃小塔，密密地包了，存入内衣的小袋袋，用他的体温，温暖我的身体，总怕我受冷。

科学先生给我预备的食粮，色样众

读懂说明方法

打比方、做比较：把培养皿比作"天罗地网"和"八阵图"，生动形象地说明了培养皿的密闭性。

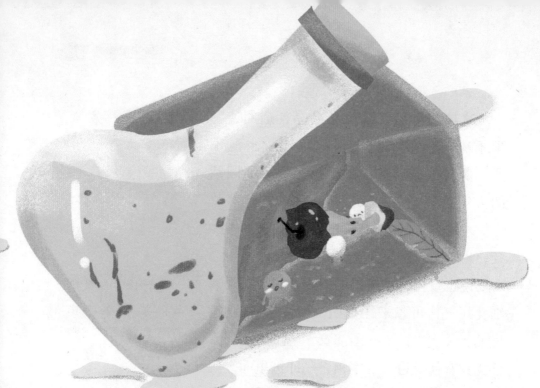

多。大概他们试探我爱吃什么，就配了什么汤，什么膏，如牛心汤、羊脑汤、糖膏、血膏之类。还有一种海草做成的冻胶，叫作琼脂，是常用作底子的，那我吃不动，摆着做样子，好看一些罢了。

他们又怕不合我的胃口，加了盐又加了酸，煮了又滤，滤了又煮，消毒了又消毒，有时还掺入或红或蓝的色料，真是处处周到。

其实我是著名的吃血的小霸王，但我嫌那生血的气焰太旺，死血的质地太硬，我最爱那半生半熟的血。

于是实验室里的大司务，将那鲜红的血膏，放在不太热的热水里烫，烫成了美丽的巧克力色。这是我最精美的食品。

然而，不料，有一回，他们竟送来了一种又苦又辛的药汤给我吃。这据说是为了检查我身体的化学结构而预备的。那药汤是由各种单纯的、无机和有机的化合物，及细胞所必须喝的十大元素配合而成的。

那十大元素是一切生物细胞的共有物。

碳为主；

氢、氧、氮次之；

钾、钙、镁、铁又其次；

磷和硫居后。

　　我的无数种子各有癖好，有的爱吃有机之碳，如蛋白质、淀粉之类；有的爱吃无机之碳，如二氧化碳、碳酸盐之类；有的爱吃阿摩尼亚之氮；有的爱吃亚硝酸盐之氮；有的爱吃硫；有的爱吃铁。于是科学先生各依所好，酌量增加或减少各元素的成分，因此那药汤也就不大难吃了。

　　我的呼吸也有些特别。我在平时固然尽量地吸收空气中的氧，有时却嫌它的刺激性太大，氧化力太强了，常常躲在低气压的角落里，暂避它的锋芒。所以黑暗潮湿的地方最适合我繁殖，一件东西将要腐烂，都从底下烂起。又有时我竟完全拒绝氧的输入了，原因是我自己的细胞会从食料中抽取氧的成分，而且来得简便。

　　在外面氧的压力下，我反而不能活。生物中不需空气而能自力生存的，恐怕只有我这一种吧。

　　不幸，这又给饲养我的人添上一件麻烦了。

读懂说明方法

　　分类别：列举不同细菌各自喜欢吃的各类物质，具体而翔实地展示出细菌在食物方面各有所好的特点。

17

读懂说明方法

我的食量无限大，一见了可吃的东西，就吃个不停，吃完了才罢休。一头大象或大鲸的尸身，若任我吃，不怕花去五年十载的工夫也要吃得精光。大地上一切动植物的尸体，都是我这清道夫给收拾得干干净净的。

何况这小小玻璃之塔里的食粮，是极有限的。于是又忙了亲爱的科学先生，用白金丝，挑了我，搬来搬去，费去了不少亮晶晶的玻璃小塔，不少的棉花，不少的汤和膏，三日一换，五日一移，只怕我绝食。

最后，他们想了一条妙计，请我到冰箱里去住了。受4摄氏度到冰点以下更冷的寒气包围，我的细胞有时就缩成了一小丸，没有消耗，也无须饮食，可经数月而不饿死。这秘密，不知何时被他们探知了。

在冰箱里的日子像是我的冬眠。但这不按四时季节的冬眠，随着他们看守者的高兴，又不是出于我的自愿，他们省了财力，累我受了冻饿。

我对于寒冷气候的感觉，和我的年纪也有关系，年纪愈轻愈怕冷，愈老愈不怕，这和人类的情况恰恰相反。

从前，胡子科学先生和他的徒弟们，都以为我有不老的精神，永生的力量，说我每20分钟就变作2个，8小时之后就变成

列数字：具体而准确地说明了细菌的分裂速度之快。

16000000 万个，24 小时之后那子子孙孙就难以形容了，岂不是不久就要占满了全地球吗？

现在胡子科学先生已不在人世，他的徒子徒孙对我的观感有些不同了。

他们说我的生活也可以分为少、壮、老三期，这是根据营养的盛衰，生殖的速度，身材的大小，结构的繁简而定的。

最近，有人提出我的婚姻问题了。我这小小的家庭里面，也有夫妻之别，男女之分吧？这问题，难倒了科学先生了。有的说，我在无性的分裂生殖以外，还有有性的交合生殖。他们眼都看花了，意见还都不一致。我也不便直说了。

科学先生的苦心如此，我在他们的娇养之下，无忧无虑，不愁衣食，也"乐不思蜀"（生动地说明了细菌在科学先生的仔细喂养下过得悠然自得、不愿意再回到原来的生活环境中去的状态）了。

但是，他们一翻了脸，就要提我去审问，这家庭就宣告破产，而变成牢狱了，唉！

无 情 的 火

我踏进了玻璃小塔之后，初以为可以安然度日了。

想不到，从白昼到黑夜又到了白昼，刚刚经过了 24 小时的拘留，我正吃得饱饱的，懒洋洋地躺在牛肉汁里，由它浸润着。忽然塔身震荡起来，一阵热风冲进塔中，天窗的棉花塞不见了，从屋顶吊下来一条又粗又长、明晃晃、热烘烘的白金丝，丝端有一圈环子，救生环似的，把我钩到塔外面去了。

我真着慌了。我看见那位好生面熟的科学先生，坐在那长长的黑漆的实验桌旁，五六个穿白衫的青年都围着看，一双双眼睛都盯着我。

他放下了玻璃小塔，提起了一片明净的玻璃片，片上已滴了一滴清水，他就将右手握着的那白金丝上的我，向这一滴水里一送，轻轻地涂搅，搅得我的身子乱转。

这一滴水就像是我的大游泳池，一刹那，那"池水"已自干了。于是我大难临头了。

我看见那酒精灯上的青光，心里已怦怦直跳了。果然，那狠心的科学先生一下子就把我往火焰上穿过了三次，使那冰凉的玻璃片，立时变成热烫热烫的火床了。我身上的油衣都脱化了。烧得我的细胞焦烂，死去活来，终于是晕倒不省"菌"事了。

据说，后来那位先生还洗我以酒，浸我以酸，毒我以碘汁，

灌我以色汤，使我披上一层黑紫衣，又披上一件大红衣，都是为着便利于检查我的身体，认识我的形态，而发明了这些曲曲折折的手续。当时我是热昏了全然不知不觉的，一任他们摆弄就是了，又有什么法子想呢？

自从此后，每隔一天，乃至一星期，我就要被提出来拷问，来受火的苦刑。

火，无情的火，我一生痛苦的经验，多半都是由于和它碰头。

这又引起我早年的回忆了。

我本是逐着生冷的食物而流浪的。这在谈我的籍贯那一章已说得明明白白了。

在太古蛮荒的时代，人类都是茹毛饮血，茹的是生毛，饮的是冷血。那时口关的检查不太严，食道可以随意放行，我也自由自在、无阻无碍（"自由自在""无阻无碍"生动形象地描述了细菌遇不到一丝障碍、畅行无阻的样子）地跟着那些生生冷冷的鹿肉哇、羊心哪，到人类的肚肠去了。

自从传说中，也不知第几任的中国帝王，那淘气的燧人氏，那钻木取火的燧人氏，教老百姓吃熟食以来，我的生计问题曾经发生过一次极大的恐慌。

后来还亏这些老百姓不大认真，炒肉片吧，炒得半生半熟，也满不在乎地吃了。不然就是随随便便地连碗底都没有洗干净就去盛菜，或是留了好几天的菜，味都变了，还舍不得扔，这就给我一个"走私""偷运"的好机会了。他们都看不出我仍在碗里活动。

热气腾腾的时候，我固然不敢走近；凉风一拂，我就来了。

其实，我最得力的助手，还是蝇大爷和蝇大娘。

我从肚肠里出来，就遇着蝇大爷。我紧紧地抱着它的腰，牢牢地握着它的脚（"抱""握"这两个动词，突出了主动性与力度，具体形象地写出了细菌紧紧攀附在苍蝇身上的样子）。它"嗡"的一声飞到大菜间里去了。它"噗"的一下停落在一碗菜的上面，把身子一摇，把我抛下去了。我忍受着菜的热气，欢喜那菜的香味，心想：又有的吃了。

我吃得很惶惑，抬起头来，听见一位牧师在自言自语：

"上帝呀，万有万能的主哇！你创造了亚当和夏娃，又创造了无数鸟兽鱼虫、花草树木来陪伴他们，服侍他们。你的工作真是繁忙啊！你果真于六天之内就造成了这么多的生物吗？你真来得及吗？你第七天以后还有新的作品吗？……

"近来有些学者对你产生怀疑了。怀疑有好些小动物都未必是由你的大手挥成的。它们都可以自己从烂东西里，自然而然地产生出来。就如苍蝇、萤火虫、黄蜂、甲虫之流，乃至于小老鼠，都是如此产生的。尤其是苍蝇，苍蝇的公子哥儿的确是自然而然地从茅厕坑里跳出来的呀！……"

我听了暗暗地好笑。

这是 17 世纪以前的事。那时的人，都还没有看见过蝇大娘的蛋，看见了也不知道是什么。

不久之后，在 1688 年的夏天，有一回，我跟着蝇大娘出游，游到了意大利一位生物学先生的书房里。它停落在一张铁纱网的面上，跳来跳去，四处探望。它闻到一阵阵的肉香，却不见一块块的肉影。它更着急了，用小脚乱踢，把我踢落到那铁纱网的下边去了。原来肉在这里！

这是这位生物学先生的巧计。防得了苍蝇，却防不了我。小

苍蝇虽不见飞进去，而那一锅的肉却依旧酸了、烂了。

从此苍蝇的秘密被人类发觉了。为着生计问题，于是我更无孔不钻、无缝不入了。

我也不便屡次高攀苍蝇的贵体，这年头，专靠苍蝇大爷和大娘谋食，是靠不住的呀！于是我也常常在空气中游荡，独自冒险远行以觅食。

有一回，是1745年的秋天吧，我到了爱尔兰，飞进了一位天主教神父的家里。他正在热烈的火焰上烧着一大瓶的羊肉汤，我闻着羊肉气，心怦怦地跳动着，但又怕那热气温度太高，不敢立刻下手。

他煮好了，放在桌上，我刚要凑近，陡然一下，那瓶口又被他紧紧密密地塞上了木塞子。我四周一看，还有个弯弯的大缝隙，就索性挤进去了。

初到肉汤的那一刻，我还嫌太热，一会儿就温和而凉爽了。一会儿，忽然又热起来了，那肉汤不停地乱滚，滚了有两个小时，这才歇息了。我一上一下地翻腾，热得要死，往外一看，吓得我没命，原来那神父又在火焰上烧这瓶子了！烧了快一个小时的光景。

我幸而没有被烧死，逃过了这火关，就痛快地大吃了一顿，把这一瓶清清的羊肉汤搅浑得不成样子了，仿佛乱云飞絮似的上下浮沉。那阔嘴的神父，看了又看，又挑了一滴放在显微镜下再看，看完之后，就大吹大擂起来了。他说："我已经烧尽了这瓶子里的生命，怎么又会变出这许多来了？这显然是微生物从羊肉汤里自然而然地产生出来的呀！"

我听了又好气又好笑。

这样糊里糊涂地又过了24年。

到了1769年的冬天，意大利又发出反对这种"自然发生学说"的呼声，这是一位秃头教士的声音。他说："那爱尔兰神父的实验不精到，塞没有塞好，烧没有烧透，那木塞子是不中用的，那一个小时是不够用的。要塞，不如密不透风地把瓶口封住了。要烧，就非烧到一小时以上不可。要这样才……"

我听了这话，吃惊不小，叫苦连天。

一则有绝食的恐慌，二则有灭身的惨祸。

这是关于我的起源的大论战。教士与神父怒目，学者和教授切齿。他们起初都不能确定我出身何处，起家哪里；从不知道或腐或臭的肉哇、菜呀，都是我吃饱了的成绩。他们却瞎说瞎猜，造出许多科学的谣言来，什么"生长力"呀，什么"氧化作用"啊，一大堆的论文，其实那黑暗的主动者就是我，都是我，只有我！

仿佛又像诸葛亮和周瑜定计破曹操似的，这些科学的军师们，一个个的手掌心，都不约而同地写着"火"字。他们都用火来攻我，用火来打破这微生物的谜。

火，无情的火，真害我菌儿过得好苦也！

这乱子一直闹了一个世纪，一直闹到了 1864 年的春天，才通过那位著名的胡子科学先生的实验，完完全全地解决了。

说起来也话长，这位胡子科学先生真有了不起的本事，真是细菌学军营里的"姜子牙"。我这里也不便细谈他的故事了。

单说有一天吧，我飘到了他的实验室里了。他的实验室我是常去的，这一次却没有被请，而是我独立闲散地飞游而去的。

我看见满桌上排着二三十瓶透明的黄汤，有肉香，有甜味。那每一只的瓶颈，都像鹤儿的颈子一般，细细长长地弯了那么一大弯，又昂起头来。我禁不住就从一只瓶口扬长飞进去了。可是，到了瓶颈的半路，碰了玻璃之壁，又滑又腻的壁，费尽气力

也爬不上去，真是苦了我，罢了罢了！

那胡子科学先生一天要跑来看几十次，看那瓶子里的黄汤仍是清清明明的，阳光把窗影射在上面，显得十二分可爱，他脸上现出一阵一阵的微笑。

这一下，他可把"自然发生说"的饭碗完全打翻了。为的是我不能到里面去偷吃，那肉汤，无论什么汤，就不会坏，永远都不会坏了。

于是，他疯狂似的，携着几十瓶的肉汤，到处寻我，到巴黎的大街上，到乡村的田地上，到天文台屋顶的空房里，到黑暗的地窖里，到了瑞士，爬上阿尔卑斯山的最高峰去寻我（运用排比句式交代胡子科学先生为了寻找细菌跑了好多地方，生动贴切地表现出他急于找到细菌的心理）。他发现空气愈稀薄，灰尘愈少，我也愈稀，愈难寻。

寻我也罢，我不怪他。只恨他又拿我去放在瓶子里烧。最恨他烧我又一定要烧到110摄氏度以上、120摄氏度以上，乃至170摄氏度。他还用高压力来烧我，用干热来烧我，烧到了一个小时还不肯止呢！

火，无情的火，是我最惨痛的回忆呀！

现在胡子科学先生虽已不见了，而我却被囚在这玻璃小塔里，历万劫而难逃，那塔顶的棉花网，就是他所想出的倒霉的法子。至于火的势力，哎哟！真是大大地蔓延起来了。

火，无情的火，实验室的火，医院的火，检疫处的火，到处都起了火了。果真能灭亡了我吗？

我的儿孙布满陆地、大海与天空。

毁灭了大地，毁灭了万物，才能毁灭我的菌群！

水 国 纪 游

实验室的火要烧焦了我，快了。

渴望着水来救济，期待着水来浸洗，我真做了庄周所谓的"涸辙之鲋"了。

无情的火，处处致我灼伤；有情的水，杯杯使我留恋。世间唯水最多情！这话遭水灾地区的灾民听了，有些不同意吧？

"你看那滔天大水，使我们的田舍荡尽，水哪里还有情？！"

这是因为从大禹以来，中国就没有个能治水的人，顺着水性去治，把江河泛滥的问题，一劳永逸地解决了。

中国的古人曾经写成了一部《水经》，可惜我没有读过，但我料他一定把我这一门——水族里最繁盛的生物，遗漏了。我是深明水性的生物。

水，我似听见你不平的流声，我在昏睡中惊醒！

五月的东风，卷来了一层密密的黑云，遮满了太平洋的天空。

我听见黄河的吼声，扬子江的怒声，珠江的喊声，齐奔大海，击破那翻天的白浪。

这万千的水声，洪大、悲壮、激昂，打动了我微弱的胞心，鼓起了我疲惫的鞭毛，陡然地增长了我求生的精神。

水，我对于你，有遥久深远的感情，我原是水国的居民。

水，你是光荣的血露，神圣的流体！

地面上的万物都要被你所冲洗。

水，我爱你的浊，也爱你的清。

清水里，氧气充足，我虽饿肚皮，却能延长寿命。

浊水里，有那丰富的有机物，供我尽情地受用。

气候暖，腐物多，我就很快地繁殖。

气候冷，腐物少，我也能安然地度日。

气候热，腐物不足，我吃得太速，那生命就很短促了。

水，什么水？是雨水。雨水把我从飞雾浮尘，带到了山洪、溪涧、河流、沟壑。浮尘愈多，大雨一过，下界的水愈遍满了我的行踪。

我记起了阿比西尼亚雨季的滂沱。法西斯头子墨索里尼纵使并吞了阿比西尼亚，也消灭不了那滂沱，更止不住我从土壤冲进了江河。

雨季连绵下去，雨水已经澄清了天空，扫净（传神地说明了雨水对大地具有非常强大的清洁作用）了大地，低洼处的我，虽不会再加多，有时反而被那后降的纯洁的雨水逐散了，然而大江小河，这时已浩浩荡荡满载着我，这将给饮食不慎的人群以相当的不安哪！

水，什么水？是雪水。我曾听到胡子科学先生得意扬扬地说过，山巅的积雪里寻不见我。我当然不到那寂寞荒凉的高峰去过活，但将化未化的美雪，仍然是我冬眠的好地方。

雪花飞舞的时候，碰见了不少的灰尘，我又早已伏在灰尘身上了。瑞典的京城，地处寒带而多山，日常饮用的水都取自高出海面 160 米的一个大湖。平时湖水还干净，阳春一发，雪块融化，拖泥带土而下，卫生当局派员来验，说一声"不好了"，我想，这又是因为我的活动吧。

水，什么水？是浅水，是山泽、池沼，及一切低地的蓄水。最深不到 5 尺，又那么静寂，不大流动。我偶尔随着垃圾堆进去，但那儿我是不大高兴住久的。那儿是蚊大娘的娘家，却未必是我的安乐窝。

尤其是在大夏天，太阳的烈焰照耀得我全身发昏。我最怕的是那太阳中的"紫外光"，它是残酷的杀菌者。深不到 5 尺的死水，真是使我叫苦，没处躲身了。5 尺以上的深水才可以暂避它的光芒。最好上面还有一层污物，挡住那太阳！

我又不喜那带点酸味的山泽的水，从瀑布冲来了山林间的腐木烂叶，浸成了木酸叶酸，太有刺激性了。

如果这些浅水里，含有水鸟鱼鳖的腥气、人粪兽污的臭味，那又是我所欢迎的了。

水，什么水？是江河的水。江河的水满载着我的粮船，也满

载着我的家庭成员。印度的恒河就是一条著名的"霍乱"河；法国的罗尼河也曾是一条著名的"伤寒"河；德国的易北河又是一条历史的"霍乱"河；美国的伊利诺河又是一条过去的"伤寒"河。"霍乱"和"伤寒"，还有"痢疾"，是世界驰名的水疫，是由我的部下和人类暗斗而发生的，其间，自有一段恶因果，这里且按下不表。

中国的江河，自然也不例外。大的不说，单说上海那一条乌七八糟的苏州河，年年春天夏天的时候，我天天率着眷属在那河水里洗澡，你们自己没有觉察罢了。

有人说江河的水能自清，这是诅咒我的话，不是骂我早点饿死，就是讥笑我要在河里自杀。我不自尽，江河的水怎么会清呢？

然而，在那样肥美的河肠江心里游来游去，好不快活，我又怎肯无端自杀，更何至于白白地饿死？

然而，毕竟河水是自清了。美国芝加哥大学有一位白发斑斑的老教授，曾在那高高的讲台上说过：当他在三十许壮年的时候，初从巴黎游学回来，对我极感兴趣，曾沿着伊利诺河的河边，检查我菌儿的行动。他在上游看见我是那样地神气，是那样地热闹，几乎每一滴河水里都围着一大群。到了下游，就渐渐地稀少了。到了欧他奥的桥边，我更没有精神了。<u>他当时心下细思量，这真奇怪，这河里的微生物是怎样没落的呢？难道河水自己能杀菌吗</u>（通过心理描写，直白地把老教授对下游里细菌减少的现象感到迷惑不解的心情深入地表达了出来）？

河水于我，本有恩无仇。无奈河水里常常伏着两种坏东西，在威胁我的生存。它们也是微生物，我看它们是微生物界的捣乱分子，专门和我做对头。

一种比我大些，它是动物界里的小弟弟，科学先生叫它"原虫"，恭维它做虫的"原始宗亲"，我看它倒是污水烂泥里的流氓强盗。最讨厌的是那鞭毛体的原虫，它的鞭毛，比我的更粗更大，也活动得厉害，只要那么一卷，便把我一口吞吃而消化了。

它的家庭建筑在我的坟墓上，我恨不恨？

一种比我还要小几百倍，很自由地钻进我身子里，去胀破我那已经很紧的细胞，因此科学先生就唤它"噬菌体"。你看它的名字就会明白，它是和我作对的菌类。它真是小鬼中的小鬼！

水，什么水？是湖水。静静的、平平的、明净如镜，树影蹲在那儿，白天为太阳哥拂尘，晚上给月亮姐洗面，没有船去搅它，没有风去动它，绝不起波纹。在这当儿，我也知道湖上没有什么好买卖，也就悄悄地沉到湖底归隐去了。

这时候，科学先生在湖面寻不着我，在湖心也寻不出我，于是他又夸奖那停着不动的湖水有自清的能力呀。

可是，游人一至，游船一开，在酣歌醉舞中，瓜皮与果壳乱抛，在载言载笑间，鼻涕和痰花四溅，那湖水的情形又不同了。

水，什么水？是泉水，是自流井的水，是地心喷出来的水，那水才是清的，那儿我是不易走得进的。那儿有无数的石子沙砾绊住我的鞭毛，牵着我的荚膜不放行。这一条是水国里最难通行的险路，有时我还冒险往前冲，但都半途落荒了。

水，什么水？是海水，是以又咸又苦著名的盐水。咸鱼、咸肉、咸蛋、咸菜，凡是咸过了七分的东西，我就有些不肯吃了。最适合我胃口的咸度，莫如血、泪、汗、尿，那些人身体中的水流。如今这海水是纯盐的苦水，我又怎么愿意喝？

不过，海底还是我的第一故乡，那儿有我的亲戚故旧，我曾

受着海水几千万年的浸润。现在我虽飘游四方，偶尔回到老家，对于故乡的风味，虽然咸了些，也有些不忍即去呢。

我在水里有时会发光。所以在海上行船的人，在黑夜里，不时望见那一望无际的海面放出一闪一闪的磷光，那里面也夹着一星一星我的微光。

我自从别了雨水以来，一路上弯弯曲曲，看见了不少的风光人物：不忍看那残花落叶在水中荡漾，又好笑那一群鸭子在鼓掌大唱；不忍听那灾民的叫爹叫娘，又叹息那诗人的投江！

五月的东风，
吹来一片乌云，
遮满太平洋的天空。
我到了大海，
观看江口河口的汹涌澎湃。
涌起了中国的怒潮！
冲倒了对岸的狂流！
击破了那翻天的白浪！
洗清了人类的大恨！
……

看到这里，我想，那些大人物争权夺利的大厮杀，和我这微生物小子有什么相干呢？

生 计 问 题

游完了水国，我躺在海洋上，感受那波涛的荡漾。仰看白云在飘游，我羡慕着它们的自由。

在海天一色的包围中，海风吹起浪花溅。浪花呀，它无力送我上云霄，那海水又太咸了，不中吃。我真觉着有些苦闷了。

我只得期待鱼，它会鼓着鳃来吞我。鱼要被渔夫捕，我伏在鱼腹里，就有再到岸上的机缘了。到了岸上，我的生活就不致发生恐慌了。

我打算在厨子先生洗鱼肚的时候，可以一溜就溜到（生动地刻画了细菌心怀鬼胎、偷偷摸摸的样子）垃圾桶里去。在垃圾桶里，我跟生物社会的接触一多，谋食便不难了。

不幸而溜不过去，那就只有混在生鱼粥里到人类口中的希望了。总之，我先在那半生半熟的鱼身里偷活，再到那半臭半腥的人肚里寄生罢了。然而，我终于又厌倦了胃肠里的沉闷的生活，痛快地随着大便出来了。

经过曲曲折折的途径，不久，我和我的家人朋友又都回到土壤的老家团聚。

这里我得补叙一下，在到岸上之前，那海鱼肚子里的环境，于我有时是不利的，它的消化力太强了。

于是，我又曾趁着潮水的高涨，回到河肠江心，去央求淡水

的鱼，顺便又疏通了螃蟹虾蛤蚌螺之类人类所爱吃的水中生物，请它们帮忙提拔。它们也都答应了。当中，蚝似乎和我最有交情，它在污水里每小时一收一放的水量，竟有两升之多，我也就混在那污水里，它的螺壳就成为我临时的住宅了。

据说，岸上有很多人，因吃了没有煮熟的蚝，都得了伤寒病啦！那科学先生就又怪我了，说什么蚝之类的生物是我暗杀人类的秘密机关呢。我以后当然要申辩的，这里不便多啰唆了。

且说，我既从水国回到了土乡，天天望见那时放异彩的浮云，好不逍遥自在，我渴望着和它交游。但那时地上仍很湿，连我身上的鞭毛，都被泥土所粘，鼓舞不起来，更何况高飞远扬呢？虽有时我攀着苍蝇的毛腿出游，但它又是低着头飞，至多也飞不上半里路，就停下来一脚把我踢落在地上了。

虽然在地上我是不愁衣食的，然而我对于天空的幻想，又使我希望秋天来临了。那时天高气爽，尤其是在中国的北平（1936年时，北京称为北平），和美国中部第一大城——密歇根湖畔的芝加哥，这两个著名的"灰尘的都市"，一到了秋冬就刮大风，将沙尘卷入天空，那时我就骑在沙尘身上而高翔了。风力益健，我竟直飘上青天4000米以上，那固然是罕有的事，我也真可以傲飞鸟而笑白云了。

记得19世纪初期，英国的年轻诗人雪莱曾唱着"西风之歌"，他愿意做一瓣浪花、一片落叶、一朵白云，躺在西风里任它飘荡去。他把一切的思想、情感、希望都寄托着西风去散播了。我想，我这一次上青天驾白云，也该感谢风爷的神力呀！

我正在这样想，忽然记起了一件伤心的往事，那就是世界各地的旱灾。

旱灾一来，全生物界都起了恐慌。那时大地涨红了脸，甚至于破裂。生物焦的焦死，饿的饿死，看不见点绿滴青，看见的尽是枯干瘦木，那半由于暴日的肆虐，半由于风爷的发狂。

那风爷也太发狂了，云和雨都被它吹散了。在大旱期间，连西风也不怀好意了。

前几年，我也曾亲见过中国西北那持续三四年的旱灾。那时狂风忽然吹起漫天的尘沙，天地发昏，在烈日和饥渴的煎迫之下，成千成万的人死了。

有的人还以为地面上堆着这许多的尸体腐物，是我口福的大造化，我可以乘风四游，到处得食了。哪里知道当这大旱临头，我也万分焦急，我虽有坚实的芽孢，可以在空气中苟延性命，但也经不起热与干长期的压迫。地上的干粮虽堆积如山，但没有一些水汽的浸润，我是吃不动的呀。君不见大沙漠中，哪有我的影踪。

我爱的是湿风，我怕的是热风。

我的小身子又是那样轻飘，我那一粒单细胞还不及一千兆分之一克重。我既上升，就不易下降，终日飘荡在天空，只有雨雪霜露方能使我再落尘间。罢了，罢了，在大旱天我是受着风爷的欺骗了。

我凄凉地度过了冰雪的冬天，<u>到了春风和畅的季节，下界雨量充足，草木茂盛，虫鸟交鸣，生物都欣欣然有喜色</u>（通过对春风、雨水、草木和虫鸟等景物的描写，描绘了春天欣欣向荣、繁花似锦的样子，表现出细菌对春天的向往）。那时，我早已暗恨着天空的贫乏，白云的无聊，思恋着地上的丰饶。

于是那善变的风爷又改换了方向来招我下凡了。

<u>我别了白云，下了高山，随着风爷到农村</u>（用这一系列动作

准确地交代了细菌是无处不去、无处不在的）。农村遍地花红叶绿，我逢花采花，逢叶摘叶，凡是吃得动的植物，无所不吃。这也是因为植物间的温度、植物的体温和当时空气的温度相去不远，我又是新从天空来的，当然先以它们的身体为合宜的寄食之所了。

我尤喜那似胶似漆、富有黏液的果皮瓜皮，那潮湿而有皱痕的菜叶菜管，它们都是我的天然宿舍旅馆。我的家人朋友成亿成兆地在这儿过活。

据美国农业部化学局最近的调查，他们代我估计了一下，在那含有铁质最高的蒲菜身上，每 1 克重的分量里面，就有我菌儿 25 万个在迅速地生殖着，这不是一个很惊人的数目吗？

我随着风爷而飘游，走遍了五大洲，世界的农村都到过了。小的植物不用说，那我是都光顾到了的。就是抵抗力强盛的大松大柏，它们的风味，我也都一一领略过了。算得出的，在有花植物之部，我曾吃过了 66 科、150 目，在隐花植物之部就记不清了。

不过，植物之遭我暗算，人类是从来不知道的，以为是它们自己内部的溃烂，或专去骂昆虫那些小妖物的恶作剧。

谁知道，有一回，我在法国南部的田园里，大啖葡萄的时候，又被那位多疑的胡子科学先生发觉了。从此他的徒弟徒侄们，就加紧研究我和植物之间种种不正常的关系，宣布了我的罪状。于是农民们就痛恨我，说我太不讲情理了，破坏他们的农作物，用药用火，千方百计来歼灭我。这真是冤枉，我也是为着生计问题所迫而来的呀！吃的都是大自然所分赠的食物哇！它们又没有注定给人类——这生物的特殊阶级单独地享用啊！

我在生物界中要算是最不安定的分子了。四方飘游，到处奔流，无非为着自由而努力，为着生活而奋斗。浮大海，吃不惯海水的咸味；居人肚，闷不过小肠的束缚；返土壤，受不住地方的限制；飘上天空，又嫌那天空太空虚了。历尽水旱的苦辛，结识了鱼和风爷，最后到了农村，那儿食粮充足，行动比较自由，我自认为是乐土了。岂料那自私自利的人类，忽来从中作梗，从此我将永远不得安宁了，唉！

呼吸道的探险

我在乡村的田园上，仍然过着颠沛流离的生活，处处靠着灰尘的提携。

那灰尘真像是我的航空母舰，上面载着不少的游伴。

这些游伴的分子也太复杂了，矿、植、动三大界都有，连我菌物在内，一共是四色了。

矿物之界，有煤烟的炭灰，有火山的破片，有海浪的盐花，有陨星的碎粒，还有各式矿石的散沙，都随着大风而远扬。

植物之界，有花蕊、花球的纷飞，有棉絮、柳丝的飘舞，有种子、芽孢、苔藻、淀粉、麦片以及各式各样的植物细胞的乱奔狂突。

动物之界，有皮屑、毛发、鸟羽、蝉翼、虫卵、蛹壳以及动物身上一切破碎零星的组织的东颠西扑。

菌物之界，有一丝一丝的霉菌，有圆胖圆胖的酵母，在空中荡来荡去，最后就是我菌儿这一群了。

读懂说明方法

打比方：把灰尘比作"航空母舰"，生动地表现出对于细菌来说，细小的灰尘是无比巨大的，也说明了细菌是可以依靠灰尘来传播的。

读懂说明方法

打比方：把灰尘中的杂色分子比作"流浪儿"和"迷途的羔羊"，生动形象地写出了它们无依无靠、四处飘荡的样子。

这是灰尘的大观，这之间以我族最为活跃。在灰尘中，我算是身子最轻的，我活动的范围也算最广了。

这些风尘仆仆中的杂色分子，像是一群流浪儿、一群迷途的羔羊啊！

我紧牵着这一群流浪儿的手，在天空中奔逐，到处横冲直撞，不顾一切利害。

记得有一回，还是在洪荒时代吧，我正在黑夜的森林中飞游，忽然碰了一个响壁，原来是蝙蝠的鼻子。我在暗中摸索，堕进了它鼻孔的深渊，觉得很柔滑很温暖，但不久，我被它强有力的呼吸一喷，就翻了几个跟头出来了。

后来，我冲进它鼻孔里去的机会愈来愈多了。然而，这一类动物呼吸道的抵抗力颇强，颇不容易攻陷，它的"扁桃腺（扁桃体的旧称）"也发育得不大完全。

"扁桃腺"这东西是淋巴组织的结合，淋巴腺之一大种。在腭部有腭扁桃腺，在咽喉间有咽扁桃腺，在小脑上有小脑扁桃腺。如此之类的扁桃腺，自我闯入动物体内之后，都一一碰到了。

动物体内的淋巴组织是含有抵抗作用的，淋巴细胞也就是抗敌的细胞，是白血球（白细胞的旧称）之一种。所以淋巴这草黄

色的流液有排除外物的强大力量啊，我往往为它所驱逐而逃亡。

那么，扁桃腺就是淋巴组织最高的建筑物，就是动物身内抗菌的大堡垒了。当我初从鼻孔或口腔进到舌上喉间的时候，真是望之而生畏。

我后来走熟了这两条路，看出了扁桃腺的破绽与弱点。原来它的里外虽有很多抗敌的细胞把守，但它的四周空隙深凹之处可真不少，那里的空气甚不流通，来来往往的食货污物又好在此地集中，留下不少的渣滓，反而成为我藏身避难的好处所了。

我就在这儿养精蓄锐，到了有机可乘时，一战而占领了扁桃腺，作为攻身的根据地了。于是那动物就发生了扁桃腺炎（扁桃体炎的旧称）了。

这在人类就非常着急，认为扁桃腺在人身上有反动的阴谋，和盲肠尾一样是下贱东西，无用而有害，非早点割弃它不可。

其实人身的扁桃腺及其他淋巴腺愈发达，尤其是呼吸道的淋巴腺愈发达，愈足以表现出人菌战争之烈。

人若得胜，淋巴腺则是防菌的堡垒；我若得胜，这堡垒则变成我的势力区了。

淋巴腺，在动物的进化过程中，还是比较新的东西。这是由于我的长期侵略，它们的积极抵抗相持既久，使它们体内产生了这种防身的组织。

我生平对冷血动物素以冷眼看待，不似对热血动物那般热情。所以我在它们体内游历的时候，也没有见过什么淋巴腺、扁桃腺之类的组织，这是因为我很少侵略它们的内部器官，我不过常拿它们的躯壳当作过渡时期的驻屯所罢了，有时还利用它们作为我投奔高等动物身内的天梯或桥梁哩。这之间，就以昆虫类最肯帮我的忙，尤以苍蝇、蚊子、臭虫、跳蚤、身虱、八角虱之流，这些人类所深恶的东西，更喜欢和我密切地合作，这是后话。不过，我如想从鼻孔进攻人、兽之身，那还须靠灰尘的牵引。

我曾经游遍（用这个动词，形象地写出了细菌的活动范围很广）了普天下动物的身体，只见到鸟类和哺乳类有淋巴腺、扁桃腺之类的抗敌组织，而以哺乳类的淋巴腺最为发达。到了人，这淋巴腺的交通网更繁密了，人原是顶多病的动物哇，淋巴腺在进化途中实是抵御传染病的一块纪念碑呀！

高空的飞鸟绝不会得肺痨病，它们常吸新鲜的空气，它们的呼吸道里我是不大容易驻足的，因此这条道上的淋巴腺也没有它们消化道的肠膜下的淋巴腺那样多。

肺痨病虽有鸟、牛、人之分，而关系鸟的部分，受害者也只限于鸡鸭之群——人类篱下的囚徒罢了。于是它们呼吸道里的淋

巴腺比飞鸟的增加了。

至于蝙蝠这夜游的动物，好在檐下或树林间盘旋飞舞，我自从那一回碰到了它的鼻子之后，就渐渐地熟悉它的呼吸道上的情形了。我见它当初也没有什么扁桃腺，后来为了对付我而新添了这件隆起的东西。

由此可见，我和动物的呼吸道发生了关系之后，扁桃腺及其他淋巴腺所处地位变得更加重要了。所以，我在这一章的自传里，特地先记述它们。它们的产生是由于我的刺激，我的行动又以它们为路碑，我和它们的关系是多么密切呀！

我冲进鸟兽和人的鼻孔的机会固然很多，但这也要看灰尘的多寡、鸟兽之群及人口的密度如何。

高阔的天空不如山林的草原，农村的广场不如都市的大街，公园不如戏院，贵人的公馆不如十几个人一间的黑暗的棚户。总之，人烟愈稠密，人群愈拥挤，我从空中到鼻子，从鼻子又到别的鼻子的机会也愈多了。

我在乡村的田园上飞游之时，生活过于空虚，颇为失意。于是，趁着乡下人挑担上城的时候，我就附着在他的身上，到这浮尘的都市观光来了。

在都市的热闹场所，我的生意极其兴隆。这儿不但有灰尘代我宣扬，还有痰花口沫的飞溅助我传播。

从此呼吸道上总少不了我的影子。这条入肺的孔道，我是走得烂熟了，它的门户又是永远开放的。

虽然婴儿初离母胎的当儿，他的鼻孔和口腔以内是绝对没有我的踪迹的，但数小时之后，我就从空气中一批一批地移民来此垦殖了。

读懂说明方法

我的移民政策是由呼吸道的形势与生理上的情形来决定的。要看那块地方，气候的寒暖如何，湿度如何，黏膜上有无缝隙深凹之处，氧气的供给是否太多，组织和分泌汁的反应是酸是碱抑或是中间性，细胞胞衣上纤毛的活动力是否太强烈了。须等到这些条件都适合于我的生活需要了，然后这曲折蜿蜒海岸线似的呼吸道，才有我立身插足之地呀！

此外，还有临时发生的事件，也足以助长我的势力，如食货和外物的停积，加厚了我的食粮；如黏膜受伤而破裂，便利了我的进攻。更有那不幸的矿工，整天呼吸着矽（硅的旧称）灰，他的肺瓣硬化了，变成了矽肺（硅肺的旧称），这矽肺是我所最喜盘踞的地方。我家里那个最不怕干的孩子，人们叫它"痨病菌"的，便常在这矽肺上生长繁殖，于是科学先生就说，矽肺乃是肺痨病的一种前因。这是矿工受了工作环境的压迫，没有得到卫生的保障，人必先糟蹋了自己的身体，而后我才有机可乘，这不能专怪我的无情吧。

在十分柔滑而又崎岖不平的呼吸道上，我的行进有时是如许得顺利，而有时又甚是艰险。因此，我这一群里，有的看呼吸道如

分类别：将不同细菌对呼吸道的适应情况一一列举出来，生动具体地说明了不同的细菌对呼吸道环境有不同的反应。

"天府之国"，有久居之意；有的又把它当作牢狱似的，一进去就巴不得快快地出来；又有的则认为是临时的旅舍，可以来去无定。这样，终主人的一生，他的呼吸道上是从不会离开我的身影的。

这呼吸道又很像一条自由港，灰尘的船只可以随意抛锚。就我历次经验所知，这条曲曲折折的自由港又可分为里中外三大湾。

里湾以肺为界岸，出去就是支气管，然后是气管，然后是喉。中湾介于口腔与鼻洞之间，是呼吸道和食道的三岔路口，是入肺入胃必经的要隘，隆肿的扁桃腺就在这里出现，这一湾的地名就叫作"口咽"。口咽之上为"鼻咽"，那是外湾的起点了。鼻咽之前就是纡曲的"鼻洞"，分为两道，直通于外。

纡曲的鼻洞，我是不大容易居留的，那里时有大风出入，鼻息如雷，有时鼻涕像瀑布一般滚滚而流，把我冲出来了。所以在平时，鼻洞里的我大都是新从空气中游来的，而且数目也不多。我本是风尘的游客，哪配久恋鼻乡呢？何况前面还有森严的鼻毛，挡住我的去路哇！

可是，鼻洞里的气候时时在转变着，寒

打比方：把鼻涕比作"瀑布"，形象传神地写出了鼻涕对细菌的冲击力非常大，发挥着把细菌排出的重要作用。

读懂说明方法

做比较：把细菌的性格与之前做对比，有力地说明鼻咽部是人体免受细菌侵扰的重要屏障。

暖无常，有时会使鼻禁松弛了，我也就不妨冒险一冲，到了鼻咽里来了。

在鼻咽里，我是较易于活动，而能迅速地繁殖的。但，我的繁荣，究竟是受了当地食粮的限制，于是我不得不学侵略者的手段了。我这也是为着生计所迫，而不能不和鼻咽以内的细胞组织斗争啊！

所以，到了鼻咽以后，我的性格就不似从前在空中时那样浪漫与无聊，真变得泼辣勇猛多了。

由鼻咽到口咽，一路上准备着厮杀，准备着进攻。我望见那红光满目的扁桃腺，又瞥见那一开一合的大口，送进一闪一闪的光明，光明带来了许多新鲜的空气。我在这歧路上徘徊观望，逡巡不敢前进。久而久之，习惯使我胆壮，我就在口咽的上下，扁桃腺的四周埋伏，等候着乘机起事。所以在人身体中，我的菌众与种类，除了盲肠以外，要算以咽喉之间为最多了。

我在呼吸道上进攻的目的地，当然是肺。

> 那儿有吃不尽的血粮，
> 那儿有最广阔的地场，
> 肺尖又脆，肺瓣又弱，

我可以长期地繁殖着，

但我在达到肺腑前，

要尝尽千辛万苦；

一越过了软骨的音带，

突然就遇着诸种危害：

四围的细胞会鼓起纤毛来扫荡我，

两旁的黏膜会流出黏液来牵绊我，

喷嚏、咳嗽、说话与呼吸又来驱逐我，

沿途的淋巴腺满布着白血球突来捕捉我。

　　我真是无可奈何了。所以在天气好的日子，从咽喉到肺这一条深巷是平静无事的，我就偶尔跌进里头去，也没敢多流连哪！

　　一旦云天变色，气候骤寒，呼吸道上忽然遇着冷风的袭击。我一得了情报，马上就在扁桃腺前，召集所有预伏的菌兵菌将，会师出发，往着肺门进攻。

　　当那时，全咽喉都震撼了。

问题梳理清单

1."菌儿"在灰尘上的游伴有哪些?

矿物之界,有煤烟的炭灰,有火山的破片,有海浪的盐花,有陨星的碎粒,还有各式矿石的散沙;植物之界,有纷飞的花蕊、花球,有飘舞的棉絮、柳丝,有种子、芽孢、苔藻、淀粉、麦片以及各式各样的植物细胞;动物之界,有皮屑、毛发、鸟羽、蝉翼、虫卵、蛹壳以及动物身上一切破碎零星的组织;菌物之界,有霉菌,有酵母。

2.扁桃腺(扁桃体)是由什么构成的?

扁桃腺是由淋巴组织构成的,而淋巴细胞也是抗敌的细胞,是白血球的一种。

3.动物是如何产生扁桃腺炎(扁桃体炎)的?

细菌藏在扁桃腺的四周空隙深凹之处,靠食物的渣滓生存,分裂到足够数目后,一举占领扁桃腺。

4.细菌在呼吸道上的存活是靠什么决定的?

由呼吸道的形势与生理上的情形来决定的。温度如何,湿度如何,黏膜上有无缝隙深凹之处,氧气的供给是否太多,组织和分泌汁的反应是酸是碱抑或是中性,细胞胞衣上纤毛的活动力是否太强烈了。

肺港之役

肺港之役是我的优胜纪录，是我生平最值得纪念的一件轰轰烈烈的大事，是我进攻呼吸道的大胜利。在这胜利的过程中，我几乎征服了全人类，全生物界为之震惊。

虽然，在这之前，我还有许多其他伟大的战绩，但都因布置不周，我作战的秘密——都为科学先生所揭穿了，如14世纪横行欧洲的大鼠疫，就是我利用了家鼠与跳蚤攻人皮肤的大胜；如扫荡全世界6次的大水疫，就是我勾结苍蝇与粪水攻人肚肠的大胜。谁知道自19世纪末期以来，科学先生发明了抵抗我军的战略，从此，卫生先进的国家都很严密地防范我，我哪里再敢从这两条战线上大规模地进攻人类呢？鼠疫和水疫打得人类落花流水，也是我两番光荣的胜利呀，在以后还要详细地追述，这里不过提一提罢了。

至于肺港之役，是我出奇兵以制胜人类，使聪明的人类摸不着防御我的法门，而甘拜下风啊！

自那位胡子科学先生提出了抗菌的口号以来，他的徒弟徒子等相继而起，用着种种奸巧的计策，在各种患有传染病的病人身上，到处逮捕我。从1874年，我的一个淘气的孩子，在麻风病人的身上细嚼他的烂皮肉的时候，突然被一位科学先生捕捉了去。此后25年间，正是捕菌运动最紧张的时期，欧洲各处实验

读懂说明方法

分类别：逐项列举实验室的工作人员研究细菌的各种方法，表明他们研究细菌的方法是多种多样的，加深了人们对细菌研究的了解。

室里高燃着无情之火，我的家人朋友被囚入玻璃小塔里的真是不计其数。他们（实验室里的工作人员）用严刑来拷问我，用种种异术来威胁我，灌我以药汤，浸我以酸汁，染我以色料，蒸我以热气，无非要迫我现出原形于显微镜之下。

更有所谓传染病的三原则，这是一位著名的德国医生提出的，他们都拿来作为判定我犯罪的标准。

假如，据他们实验观察的结果，我和某种传染病的关系都符合下面所举的三原则，就判定我的罪状，加我以某种传染病的罪名。我菌儿这一群，平时大家都在一起共同生活，有血大家喝，有肉大家吃，不分彼此，不立门户，也不必标新立异地各起名称，大家都是菌儿，都叫作菌儿罢了，这是我一贯的主张。而今不幸，多事的科学先生却偏要强将我这一群分门别类，加上许多怪名称，呼唤起来，反而使我觉着怪麻烦的。何况，像我这样多样而又善变的生活方式，若都一一追究出来，我的种类又岂止几千种？这便在命名上不免发生纠纷，成问题了。

闲话少讲，先谈谈这传染病的三原则吧。

我常听到科学先生说，每一种特殊的传染病，一定都有一种特殊的病菌在作祟，所

以他们要认清病菌，寻出正凶，而后才可以下手防御，发出总攻击令，不然打倒的若不是凶手，凶手却仍在放毒杀人，病仍是不会好的。他们似乎又在讲正义了，并不盲目地加害于我的全体。

那么，传染病的凶手是怎样判定的呢？这要看他们如何检查我那个特殊的淘气孩子的行动了。

他们的第一条原则：要在每一个得了这特殊的传染病的病者身上，捉到我这行凶的孩子，而且它被捕的地点也应该就是行凶的地点。这就是说，若在其他不相干的地方抓到它，而真正的伤口上反而不能寻获它，那证据就有些靠不住了。我这一群来来往往在人身上做"过客"的很多很多，自然不可以随意指出一个说它是凶手，在出事的地点常常发现的才是嫌疑犯。

第二条原则：这凶手要被活生生地捉到，并且把它关在玻璃小塔里面，还要养活它，并且还会一代一代地传种传下去，别的菌种都不许混进来，以免有所假冒，以免鱼目混珠，要永远保持那凶手的单独性。若凶手早已死去，或因绝食而自毙，则它的犯罪情形将何从拷讯？它的真相将何以剖明？

假定凶手是被活擒到了，它也能在外界继续地生长，独囚一室，不和异种相混，然而也不能就此判定它是这病的主犯。有时也许是抓错了，也许它不过是帮凶而已，而正凶反而逃脱。怎么办呢？那就要用第三条原则来决定了。

第三条原则就是动物实验。拿弱小的动物作为牺牲品，把那有嫌疑的菌犯注射进这些小动物的体内去，如果它们也发生同样的病状，那就是这特殊传染病的正凶之铁证，不能再狡赖了。我在旁听了之后，不禁叹服这位科学先生的聪明，他能这样精巧地定计破贼，真是科学公堂上的包拯啊！然而，这使我为着那一批专和人类作对的蛮孩子担心了。

科学先生的狡计虽然是厉害，我攻人的计划几乎一一都为他们所破坏了。

但是，强中还有强中手，我家里有三个小英雄，就不为他们的严刑所恫吓，就不受这传染病的三原则所审理。肺港之役，我连战皆捷，就是这三位小英雄安排好的巧计，难倒了科学先生，他们至今还没有法子可以破除。

我的这三位小英雄，科学先生已给它们判定了传染病的罪名了。

第一名，他们说它是猩红热的正凶，叫它作"溶血性链球菌"。

第二名，他们说它是肺炎的主犯，称它作"肺炎双球菌"。

第三名，他们说它是流行性感冒的祸首，唤它作"流行性感冒杆菌"。

他们当然是根据传染病的三原则而被判定的。然而，我的这三个孩子的行动并不是这么单纯，它们犯案累累，性质又未必皆相同。如第一名，不仅使人生猩红热，什么扁桃腺炎、丹毒、产褥热、蜂窝组织炎之类的疾病，也都是由它而起的，我这里所谈的肺港事件，就与它有密切的关系。

总之，这三位小英雄在侵入人体时，都是随机应变的，并且它们的生活是多方面的。可见这些科学的命名也免不了有些牵强附会了，我们切不可认真，认真了就有以名害实的危险哪。在我的自传里，提起孩子的名称这还是第一遭，所以特地声明一下。

我这三位小英雄，都是最爱吃血的微生物，为了吃血，它们奋不顾身地往肺港里冲。它们又恐怕遭敌人的暗算，所以常是前呼后拥地结成联合阵线，胜则同进，败则同退，不但白血球应接

不暇，就是科学先生前来缉凶的时候也迷惑了，弄不清楚哪一个是真正的凶手哇！

当我在扁桃腺前会师出发，往着肺门进攻的时候，一路上遇到不少的挫折，我的其他孩子们都在半途战死，独有这三位小英雄，在这肺港里横冲直撞，所向无敌。

肺港是一个曲折的深渊，前半段，从咽喉的门户到肺叶的边界，是呼吸道的里湾，肺叶以内分为无数肺泡，这些肺泡便是呼吸道的终点。

我进了肺港之后，若不遇到阻挡，就一直往下滚，滚，滚过了支气管，然后是小支气管，再后是最小支气管。<u>它们像树枝一般渐渐地小下去，渐渐地展开，我也顺着那树枝的形状快快地蔓延起来。</u>一进了肺叶，那管口愈分愈细了。穿过了一段甬道似的肺泡小管，便是空气洞，再进则为空气房，空气洞与空气房组合起来便是一个肺泡，新旧空气就在这儿交换。所以我在途中前后都有大风，冷风推我前进，热风迫我后退。

在肺泡的壁上，满布着血川的支流。心房如大海，血管似江河，血川就算是微血管的化名了。在这儿，我看见污血和新血的交流，我看见血球（血细胞的旧称）在跳跃，血水在汹涌澎湃，我细胞的饿火燃烧起来了。

读懂说明方法

打比方：把支气管和小支气管等比作"树枝"，生动形象地描绘出它们在形状上越分越细的特点。

读懂说明方法

全肺所有肺泡的表面积，胀得满满的时候，约有90平方米，这比全皮肤的面积还大了100倍。因此在这儿，血川的流域甚广甚长，况且肺泡的墙壁又是那么薄弱，那壁上细胞的纤毛在这儿又都已不见了。到了这里，血川是极容易攻陷的，我的吃血是便当的事了。

为了吃血便当，我这三个爱吃血的孩子就常常深入肺泡，强占肺房，放毒纵兵，轰炸细胞，冲破血管，与白血球恶战，与抗毒体肉搏（通过一系列动作描写，生动地表现出细菌蛮横强势、破坏性强、危害巨大的特点），闹得人肺发硬、生病、流血、出脓，而演成人身的三大病变——伤风、流行性感冒、支气管肺炎一次比一次紧张，一回较一回危急。伤风是我的小胜，流行性感冒是我的大胜，支气管肺炎是我的全胜。

在人生的旅途中，谁没得过几次或轻或重的伤风呢？在流行性感冒大流行的时期，三人行必有一人被传染，尤其是在1918至1919年那一次，全世界都产生了对流行性感冒的恐慌，我的声势之大真是亘古未有，几个月之间，人类之被害者，比欧战4年死亡的总数还要多。至于支气管肺炎，那更是人人所难逃免的病劫。人到临终时，他的肺

做比较：通过死亡人数的比较，有力地说明了病菌对人类造成的危害远远高于多年大规模的战争。

部异常虚弱，我的菌众竞来争食，因而他的最后一次呼吸，往往是被支气管肺炎所割断了。可见我在肺港之役的胜利，是一个伟大而普遍的胜利，人类是无可奈何的。

伤风是人类司空见惯的病了，多不以为意。流行性感冒，中国人有时叫它作"重伤风"，那支气管肺炎也就可以说是伤风达到最严重的阶段了。他们都只怪风爷的不好、空气的腐败，却哪里知道有我，有我这三个在肺港里称霸的孩子在侵害。

我这三个孩子当中，尤以那被称为"流行性感冒杆菌"的最为英勇，它在肺港之役中是我的开路先锋。它先冲进肺泡里，到血川之旁去散毒。它并不直接杀人，也不到血液里去游泳，而它的毒素不尽地流到血液里，会使人身的抵抗力减弱。它却留着刽子手的勾当，给我那后来的两个孩子做。

于是，在伤风病人的鼻咽里，科学先生最常发现它；在流行性感冒病人的痰里，仍常寻得见它，在支气管肺炎病人的血脓里，则寻见的不是它，只剩下我那两个孩子——肺炎双球菌和溶血性链球菌了。

所以，伤风不会杀人，流行性感冒也不会杀人，然而它们却往往造成了杀人的局势，而把死刑的执行任务交给支气管肺炎了。

科学先生当初以为我那孩子是流行性感冒唯一的凶手，因此加它以这样一个沉重的罪名。后来因为它的罪证并不完全，在传染病的三原则上很难通过，就减轻了它的罪，判它为流行性感冒的第二凶手，而把第一凶手的嫌疑，转移到比我还要小千百倍的微生物，即所谓"超显微镜的生物"之类的身上了。

科学先生感到这肺港里的三大病变的复杂性了。这使他们的疫苗的防御不中用，血清的抵抗不见效，预防乏术，治疗亦无法。科学先生也无可奈何了。

自从科学之军崛起，我在其他方面进攻人类都节节败退，独有肺港之役，我获得了最大的胜利，这是我那三个小英雄之功。将来的发展如何，我不知道，但因为我在人身有极重大的经济利益，我始终要求人类承认我在肺港的特殊地位，承认我的侵略权。

肺港里还有其他的纠纷事件，如肺痨、百日咳、大叶肺炎、肺鼠疫，如此之类，以及要封锁港口的白喉，那都因为性质不大相同，就不在此备载了。

问题梳理清单

1. 传染病的凶手是怎样判定的？

首先，在传染病的病者身上找到某种细菌；

然后，把这种细菌单独培养研究；

最后，做动物实验。

2. 肺港之役的三位"小英雄"都叫什么？它们分别能引起什么传染病？

溶血性链球菌、肺炎双球菌、流行性感冒杆菌。分别能引起猩红热、肺炎、流行性感冒。

3. 人类的肺部感染的三大病变是什么？

伤风、流行性感冒、支气管肺炎。

吃血的经验

从血川到血河，一路上冲锋陷阵，小细胞和大细胞肉搏，鞭毛和伪足交战，经过无数次的恶斗，终于我得胜了，占领了血河，而人得败血症死了。

于是科学先生就板起面孔来，在实验室里，大骂我是穷凶极恶的暗杀党，谋害了宝贵的人命，他们发誓一定要替人类复仇，发明新武器来歼灭我。这不但于我的名声有损，而且连我在生物界的地位都动摇了。我在这一章里是要表明我的立场的。

中国的古人不是说过"民以食为天"吗？我是生物界的公民之一，当然也以食为天，不能例外。我的生活从来都是很艰苦的，我曾在空中流浪过，水中浮沉过，曾冲过了崎岖不平的土壤，穿过了曲折蜿蜒的肚肠，也曾饿在沙漠上，也曾冻在冰雪上，也曾被无情之火烧，也曾被强烈之酸浸（通过"流浪"等八个动词，生动形象地说明了细菌在各种恶劣的环境下仍然具有顽强生命力的特点），在无数动植物身上借宿求食过，到了极度恐慌的时候，连铁、硫和碳之类的矿盐，也胡乱拿来充饥。我虽屡受挫折，屡经忧患，仍是不断努力地求生，努力维护我种我族的生存，不屈服，不逗留，勇往直前。我无时无刻不在艰苦生活之中挣扎着，我的生活经验，可以算是比一般生物都丰富得多了。我这样四方奔走，上下飘舞，都是因为吃的问题没有解决呀！

我想，生物的吃，除了一般植物所吃是淡而无味的无机盐之外，其他的如动物界中的各分子及植物界中有特别嗜好者，它们所吃就尽是别的生物的细胞。它们不但要吃死去的细胞，还要吃活着的细胞。吃人家的细胞以养活自己的细胞，这可以说是生物界中的一种惯例吧。于是各生物间攘争掠夺、互相残杀的事件层出不穷了。

我菌儿虽是最弱最小的生物，在生物界中似乎是居最末位的，但我对于吃的问题也不能放松！

我几乎是什么都吃的生物，最低贱的如阿米巴的胞浆，最高贵的如人类的血液，我都曾吃过。我所吃，所爱吃的，绝不像植物所吃的那样寡淡而没有内容。我吃的是复杂而普遍的，所以我是最能适应环境的生物。

但是，我因感着外界的空虚、寂寞而荒凉，我的细胞时有焦干冻饿的恐慌，所以特别爱好在动物身上盘桓，尤其是哺乳类动物，人和兽之群。他们的身体是那么暖和，他们又能供给我以现成的食料。我在他们身上，过惯了比较舒适的生活，就不想离开他们的圈子了。于是我的大部分菌众就在这圈子之内无限制地生长、繁殖起来。

人和兽之群，在我看去真是一座一座活动的肉山哪！我初到人、兽身上的时候，看见那肉山上森严地立着疏疏密密的森林似的毛发须眉，又看见散乱地堆着重重叠叠的乱石似的皮屑。我就随便吃了这些皮屑过活，那时我的生活仍然是很清苦的。

后来我又发现肉山上有一个暗红的山洞，从那山洞进去，便是一个弯弯曲曲无底的深渊，那就是人、兽的肚肠。肚肠是我的天堂，那儿有来来往往的食货，我就常常混在里面大吃特吃。但不幸的是，我在洞里又遇到了一种又酸又辣的汁液，我受不住它的浸洗。所以除了我那些走熟这一条路的孩子以外，我的大部分的菌众都不能冲过去。这天堂仍是一个特殊阶级的天堂啊！

有一回，人的皮肤忽像火山一般地爆裂了，流出热腾腾红殷殷的浓液。当时我很惊异，这东西是从哪里来的呢？后来我在肺港里见惯了它，它激起了我的食欲和好奇心，我的细胞情不自禁地跳进它的狂流之中。我尝到了它的美味，从此我对于人、兽的身体就抱着很大的野心了。

我虽有吃活人、活兽之血的野心，然而这并不是轻而易举的事，这也并不是我菌众全体的欲望。这种侵略人、兽的大举有些像

读懂说明方法

打比方：把人和兽比作肉山，"肉山"一词，形象生动地表现出了细菌想要以人和兽为食物的那种贪婪而急切的心情。

57

帝国主义者的行为，虽然那不过是我族中少数有势有力的少壮细胞所干的事，帝国主义者侵略弱小民族也并不是他们国内全体人民的意愿哪。所以你们不要因为我少数"菌阀"的蛮干，使人类不安，而加罪于我的全体"菌民"，连我一切有功的事业也都抹杀了。

人类本来都茫然不知我在暗中的活动，我的黑幕都是给多疑的科学先生所揭穿的。他们老早就疑惑到我和人、兽之血的恶关系了，于是他们就时常在人血、兽血中寻找我的踪迹。因为初生的婴孩，他的肠壁的黏膜还不十分完整与坚实，他们想我到了那里一定是很容易通行的。又因为在猪牛之类的肌肉和组织里，他们时常发现我，因此对我是更加疑忌了。在健康之人的血液里，他们老寻不着我，罪证既不完全，他们就不能确定我会在活血里行凶。这是因为在平时，血液的防卫很严密，我很不易攻入，我就是偶尔到了活血里面，不久也会被血液里的守军杀退。

血液是那样密密地被包在血管里，围在皮肤和黏膜之内，我要侵入血流中，必先攻陷皮肤和黏膜。所以在平时，在皮肤的每一个角落、黏膜的每一处空隙，都满布着我的伏兵，我在那里静候着乘机起事哩。

皮肤和黏膜的面积虽甚广大，却处处都有重兵把守。皮肤是那样坚韧而油滑（"坚韧""油滑"这两个形容词，准确形象地概括出皮肤既有强大的阻隔作用，又让细菌难以附着沾染的特点），没有伤口即不能随便穿过。眼睛的黏膜有眼泪时常在冲洗，眼泪有极强大的杀菌力量，就是把它稀释到四万分之一，我还是不敢在那里停留，不这样，你们的眼睛将要天天发红起肿了。呼吸道的黏膜有纤毛，会将我扫荡出来。胃的黏膜会流出那酸溜溜的胃

汁，来溶化我。尿道和阴户的黏膜也有水流在冲洗，我也不能长久驻足。此外鼻涕、痰和口津之类也都会杀害我。真是除了汗、尿和人们不大看见的脑脊髓液之外，人和兽之群乃至于一切动物，乃至于有些植物，它们的体内，哪一种流液，哪一种组织，不在严防我的侵略，使我没有抵抗的力量啊！

至于血，当然了，那是高等动物所共有的最丰富的流体，它的自卫力量更是雄厚了。

血，据科学先生的报告，凡体重在 150 磅（1 磅 = 0.4536 千克）左右的人都有 7 升的血，昼夜不息，循环不已地在奔流着，在荡漾着，在汹涌澎湃着。血，是略带碱性的流体，我在血水里闻到了蛋白质、糖类和脂肪的气味；我见过了钠的盐、钙的盐的结晶体；我尝到了"内分泌"和氧的滋味（三个动词连用，既指出了人类血液的成分非常丰富，也指出了血液里面的细菌是很活跃的）。

在血的狂流中，我又碰到了各式各样的血球在跳跃着，在滚来滚去地流动着。

我最常遇到的是像车轮似的血球，带点青黄的颜色，它的直径只有 7.5 微米，它的体积只有 2.5 立方微米，它的胞内没有核心，它像一只粮船，满载着蛋白质和脂肪，在我的身旁掠过。我看它那又肥又美的胞体，我的饿火上冲了。我曾听科学先生说过，它的胞体里还有一种特殊的色料，叫作"血色素"，那是最珍奇的一种食宝。我远远地就闻见了动物的腥味，那就是从这血色素里所放出来的气味吧。我的少壮细胞爱吃人、兽之血，目的也就在它的身上吧。

但我在血的狂流中，又遇到了一群没有色素的血球，它们的胞体内却有了核心。那核心的形状又有好些种。有的核心是很大的，几乎占满了血球的全身；有的核心是肾形的；有的核心的形状是不规则的。它们这一群都是我的老对头，我在血中探险的时候，常受着它们的包围与威胁，它们会伸出伪足来抓我。

我又看到了一种卵形无色的小细胞，它有凝结血液的力量，我常被它绑住。有人说它是白血球的分解体，叫它作"血小板"。

还有一种一半是蛋白质，一半是脂肪的有色细粒，科学先生叫它作"血沉"，大约它们就是死去的红血球（红细胞的旧称）的后身吧。

此外，更奇怪的就是，我在血流中奔波的时候，我的细胞常中途而死，不知是中了谁的暗算，这我在后来才知道是所谓"抗体"之类无形的东西在和我作对呀。

血液是我所爱吃的，而血管的防卫是那么严密，红血球是我所爱吃的，而白血球的武力是那么可怕，每 600 粒红血球就有 1 粒白血球在巡逻着、保卫着它们！在这种情势之下，我有什么法子去抢它们来吃呢？我的经验指示我：

第一，要看天时。在天气转变的时候，人、兽的身体骤然遇冷，他们皮肤和呼吸道的黏膜都瑟瑟缩缩地发抖起来，微血管里的血液突然退却，在这时候我的行军是较顺利的。或是外界的空气很潮湿，很温暖，我虽未攻入人体的内部，也能到处繁殖，所以在热带的区域，在人、兽的皮肤上，常有疗疮疖子之类的东西出现，那都是我驻兵的营地呀！

第二，要看地利。皮肤一旦受了刀伤枪伤而破裂，我就从这伤口冲入。有时人的皮肤为小小的针尖所刺，不知不觉地过了数小时之后，忽然作痛起来，一条红线沿着那作痛的地方上升，接着全身就发烧了，这就是我的先锋队已从这刺破的小孔进攻，而节节得胜了呀！

然而在抵抗力强盛的身体上，这是不常有的事。在平时我一冲进皮肤或黏膜以内，血液就如风起潮涌一般狂奔而来，涌来了

无数的白血球，把我围剿了。这就是动物身体发炎的现象，发炎是它们的一种伟大的抵抗力量啊！

但是身体虚弱的人，他们的抵抗力是很薄弱的，发炎的力量不足以应付危机。于是我就迅速地在人体的组织里繁殖起来了，更利用了血管的交通，顺着血水的奔流，冲到人身别的部分去了。有时千回百转（这个成语形象地勾勒出了小肠大肠弯弯曲曲、又细又长的形状特点）的小肠大肠，会因食物的阻塞，外力的压迫而突然破裂，那时伏在肠腔里的我就趁势冲进腹膜里去，又由淋巴腺、淋巴管而辗转流到血的狂流中去。这是我由肠壁的黏膜而入于血的捷径。

我又有时在外物与腐体的掩护之下，攻入血中。我伏在外物或腐体里，白血球和其他的抗菌分子就不能直接和我作战了。例如在人类不知消毒的时代，产妇的死亡率很高，那就是我伏在产妇身上横行无忌的缘故。

第三，要看我的群力。我进攻人身的内部，必须利用菌众的力量，单靠着一粒一粒孤军无援的细胞作战，是不济事的。我必须用大队的兵马来进攻。例如人得伤寒之病，是因为他所吃的食物里，早就有我的菌众伏在那里繁殖了。

第四，要看我的战术。我要攻入血管，有时需勾结蚊子、臭虫和虱子之类的吮血虫做我的先驱，做我的桥梁。

第五，要看我的武器。我有时又使用毒素之类凶险的武器。那毒素是屠杀动物细胞最厉害的利器。我常伏在人、兽之身的一个小角落里施放这毒素。

总之，不论用什么法子，从哪一个门户进攻，我的大队兵马一旦冲进了血管里面，占领了血河，在血的狂流中横冲直撞，战胜了白血球，压倒了抗体，解除了血液的武装，把一个个红血球里的血色素尽量吃光，这个人的生命就不保了。

人死后，埋了拉倒，我可在那尸体里大餐大宴，那就是我的菌众庆功论赏的时候了。

不幸，近来殡仪馆的人，得到了消毒的秘诀，常把尸身浸在杀菌的药水里。又不幸，有些地方的民俗常用火葬，把尸体全烧成灰，那真是我的晦气。我不料在完全侵占了人身之后，竟同趋于灭亡，我全军覆没了。这也许是人类的焦土政策吧！

问题梳理清单

1. 皮肤和黏膜是怎样抵抗细菌的？

皮肤坚韧而油滑；眼睛的黏膜有眼泪时常在冲洗，眼泪有极强大的杀菌力量；呼吸道的黏膜有纤毛，会将细菌扫荡出来；胃的黏膜会流出胃酸，来溶化细菌；尿道和阴户的黏膜也有水流在冲洗细菌。此外鼻涕、痰和口津之类也都会杀害细菌。

2. 血液是怎样抵抗细菌的？

白血球（白细胞）会包围溶解细菌；血小板会凝结血液，绑住细菌；抗体会杀死细菌。

3. 细菌是如何吃到红血球（红细胞）的？

一是在天气转变的时候进入人体；二是从人的伤口进入血液；三是快速繁殖菌众；四是借助寄生虫；五是释放毒素。

乳峰的回顾

红润而滑腻的肠壁，充满了血腥和乳臭的气味，壁上的黏膜还不十分完整，黏膜里一排一排的上皮细胞还不十分紧连密接，从胃的下口不时流进了一滴滴雪白的乳汁。

这是一个新生婴儿的肠腔。在这样的一个新肠腔里，我是第一个小旅客，我就是伏在那些乳汁里面混进来的呀。

这时候，肠腔里的情形很荒凉，寂寞的空气笼罩着我的四周，一点杂色的货物也没有，就是流进来的乳汁，一忽儿也都自干了，剩下我，孤单地在肠道彷徨着。

虽然，我知道，不久就会热闹起来，不久将有更多的乳汁流进，含有各种不同性质的食物也会源源而来，那时我的远近亲友，微生物界里形形色色的分子，都会争先恐后地齐来垦殖这新开拓的土地。

然而，目前这婴儿肠腔里的环境，是那么冷落空虚，孤独的心情压迫着我，使我再也不能忍受下去了。曲折蜿蜒的肠子，又不停地在蠕动着，震荡得我几乎要晕倒在它的黏液中了。

在黏液中，我似梦非梦地在独自思念着，想起了无限缠绵悱恻的往事。

我想起了占领"人山"的经过。自从我那回攻入她的血管以后，我的生活就非常紧张，没有一刻不在战斗中度过，而且还有与人同归于尽的危险。于是我不得不去另觅出路了。

我在"人山"上爬行，常望见她的胸前有两座圆而高耸的乳峰，遥遥相对着。我初以为它们是和熄灭了的火山一样，极其平静无事的。我抱着好奇的心理到那峰口去探望。

我就从这峰口进去，一进去便是一个萎缩了的空囊，曾贮藏过什么东西似的。再进就是自来水管似的圆洞，一共有15洞至20洞之多。愈入愈深，那圆洞也愈分愈细，最后到了一间最小的空房，便碰了壁，不能再前进了。

我沿途都望见有厚厚薄薄的结缔组织，包围着乳洞乳房的墙壁，在那壁上，我又看见有不少的脂肪在填积着。我想，那乳峰之所以会那样肿胖而隆起（"肿胖""隆起"形象而准确地刻画出了乳峰丰腴、耸起的外形特点），大约就是这些结缔组织和脂肪在撑持着吧。可是，有的"人山"上的乳峰并不怎么高，有时竟萎缩到像平地上的一个小阜而已，那就是因为脂肪太缺少，结缔组织又都已退化了吧。

我陡然地，又在那些结缔组织里面，发现了神经的支末，发现了动脉和静脉的血管、微血管，以及淋巴管之类的东西在跳动着。我想，神经和血管都派有代表在这儿驻扎，那不久一定就会发生大变动啊！于是我就静伏在乳峰的四周，不时又爬到那峰口去窥探，打听有什么消息。

许久，许久，一点动静也没有。那"人山"却一天比一天长大起来了，山地上涌出的油和汗也加多了，那两座乳峰总是那么沉寂。我失望了，我就离开了这"人山"，又飘到了别的"人山"上去视察了。

　　我这样地辗转流徙，到过不少的"人山"，登上了不少的乳峰，最后我来到了一座丰满而肥大的"人山"，那山上的乳峰也格外高耸而膨胀，<u>我觉着有些异样，忽然如地震一般，那"人山"动荡得非常厉害，又如雷响一般，"哇"的一声，什么东西坠地了</u>（运用夸张的修辞手法，形象地表现出了对于细菌来说，乳峰震荡程度的剧烈和婴儿啼哭的声音之大）。

　　我惊慌了，我疲乏了，我昏然地跌倒在那散满了油汗的山地上。过了几个小时，我正懒洋洋地躺在那儿休息，忽然一盆温水似的液体，从上头浇下来，我的细胞浑身都透湿了。我往周围一看，望见像山巅积雪融化了似的，白茫茫的乳汁，从那峰口涌出，滚滚而下。

　　在那白茫茫的乳汁里，我遇见了不少的小乳球，不少的珍物奇货，都是脂肪、糖、蛋白质之类的好东西，都是我的顶上等的食品，我真喜出望外了。

　　脂肪之类，有"液脂""软脂""磷脂"等，都非常可口。

　　糖之类，就有那著名的乳糖，我所爱吃的。

　　蛋白质之类，有干酪素、乳球蛋白、胆脂素、尿素、肌肉素等，都是不可多得的。

　　此外，还有酵素，还有无机盐，还有其他零星的小东西，如药料、香料等，数也数不清了。

　　有这样多、这样美的食品，装在一颗一颗的小乳球里，在白茫茫的乳汁中荡漾着，我可以大吃特吃了。

　　我吃过了乳球，觉得它比血球更好吃，而且乳汁里没有白血球在巡逻着，没有抗体在守卫着，虽也有一点杀菌的力量，可是薄弱得很，那我是不必怕的。况且乳汁又不像血液那样密密地包

读懂说明方法

封在血管里面，它终于是要公开地流露在外界的。好了，那我要吃乳球是便当的事了。

然而，真奇怪，这么多的乳球和乳汁是从哪里跑出来的呢？好奇的心理又引我重新爬进那峰口里去探视。

这时候，萎缩的孔囊已经高涨起来了，乳洞乳房里都涨满了乳汁，结缔组织已经大大地减少了，乳房壁上的细胞一个个都异常活跃。我看见有几粒立方形的细胞正在渐渐地拉长，变成圆柱形了，在它的一头，一点一点的油点不停地涌出。这些油点积少成多，不久就结成了一颗大得可观的乳球，比我的身子要大了好几倍。这些乳球，又愈聚愈广，出了乳峰之口，如喷水池喷水一般倾泻而下了。

打比方：把乳球的流出比作"喷水池喷水"，生动形象地写出了乳球流出时剧烈而又连贯的状态。

我记得，当我在血河里抢吃红血球的时候，似乎并未遇见过干酪素和乳糖之类的东西。显然地，这些罕见的东西是乳球所特有的，是乳房壁上的细胞自己制造出来的。不但如此，就是乳汁里的脂肪，它的内容也和血液里的脂肪有些不同；就是乳汁里所含的各种无机盐的成分，和血液里所含的无机盐的成分也不一样。这样看来，在内容上，乳汁比血液是更复杂丰富而精美的了。

然而乳汁，在原料上无疑还是仰仗于血

液，还是红血球把它运送来的。那么，血管与乳房之间是有路可通的了。

我在血河里，正苦没有正当的出路，到了没有法子的时候，也只得随着眼泪、汗液、尿水、鼻涕、口津、痰之类人们所厌弃的流液而出奔，不然"人山"一旦崩溃，我将随着它的尸身又回到我的土壤故乡去了。这是我所不愿意的。

我一生最大的希望、最有野心的企图，就是征服"人山"，尤其是幼小无力的"人山"，开拓我的新殖民地，使我族可以无限制地繁殖下去。现在我既发现了这乳峰里的秘密，就可以布置新的交通网了。

我可以从血管里冲进乳房，在乳囊里集中，在乳峰口汇合出发，一喷就喷到婴儿口里去了。我知道乳汁的环境是非常温暖而舒适的，在它的浸润中，我绝不至于冻饿，一到了婴儿的肚肠里，我更是饱暖无忧了。

然而，人到底是爱干净的动物，现代人的母亲更加讲究了。在哺乳之前，必有一番清洁的准备，用硼酸水或用酒精来洗刷她的乳峰，在这种消毒力量威胁之下，伏在乳峰四沿的我早已四散逃避了。

然而，我有一群淘气的孩子会从血管里冲过来，预先和乳汁混在一起，有荚膜的鼓起它们的荚膜，有鞭毛的舞着它们的鞭毛，怒气冲冲地，预备一出去，一踏上婴儿的食道就大显身手（通过对细菌们的各自不同的动作描写，生动形象地表现了它们伴随乳汁侵入婴儿体内时摩拳擦掌、急不可耐的神态）。不幸，这消息已被科学先生侦察到了，讨厌的科学先生就大肆提倡什么验血验乳的勾当。什么"梅毒反应"，什么"结核菌素反应"之类，都是故意与我为难，禁止我再入婴儿的口，绝我求生之路，我真愤恨极了。

"人山"上的戒备既是这样严密，我的这一个侵略婴儿的计划算是失败了，于是我又占领"牛山""羊山"上的乳峰作为攻人的根据地。

其实，大如老虎狮子，小如兔儿鼠子，哪一个哺乳类动物的乳峰上没有我的踪迹？正因为牛和羊的乳汁，是被人类夺去了作为日常的饮料，这些乳汁到人口之前，不知要经过多少曲折、多少跋涉，这之间，我就有机可乘，所以我特别爱好在它们的乳峰上盘桓，等候着机会的来临，等候着乳峰的开放。

在"牛山"上的乳峰开放了以后，我的菌众就纷纷地争着来求食了。

有的从牛粪里飞上了"牛山"，又由"牛山"辗转而来到了乳峰之下，有的从牧场上的灰尘泥土奔来，有的从摄乳的人的手指上、喉咙里、衣服上送来，又有的就预先伏在乳桶、乳锅、乳瓶、乳杯里等候了。

从乳峰到人口，凡是乳汁游行所必经之路，一站一站无不有我的"兵队"，在黑暗里埋伏着。

乳汁来了，它把乳峰内外四旁的菌众，都冲到乳桶里去了。乳汁是最适合我胃口的滋补品，于是我的菌众在那儿迅速地繁殖起来了。

所有普通的没有消毒过的牛乳，一到了人口，已满载着我的菌众。我的菌众之多，实足以惊人，为卫生家所嫉视，科学先生为了这问题更担心了。他们曾费了一番苦心来研究，据他们的报告，在一切饮用的流液之中，我的数目当以牛乳里所含为最多。

于是他们就定下了一种检查牛乳的法规，要对我加以限制。我吃牛奶而已，与他们有什么相干？难道人可夺母牛之乳而饮，就不许我在奶汁里沾一点光吗？

我到了乳汁里之后，就择所好而吃，牛乳的内容本来也和人乳一样丰富，不过它的干酪素较多，它的乳糖、脂肪则较少罢了。

我吃了乳糖，把它化成乳酸，这样含有乳酸气味的酸牛奶，常为欧美人士所喜吃，说是有助于消化，可以治胃肠的病。可见我的生活过程对于人类不全是有害的，有时还有很大的好处，这酸牛奶的功用便是一个好例子。以后我还要举出许多别的例子来，这里不再唠叨了。

有时我吃了乳糖，不但产酸，而且产气，所产的酸又不是乳酸，而是带点苦味的醋酸，那牛乳人就不肯吃了。

我在乳汁中，又会放出两种酵素：一种有分解干酪素的力量，一种会分散其他的蛋白质。那乳汁先凝结成乳块，再化成清清的乳水。

至于乳汁里的脂肪，我也常吃，吃了就把那脂肪"碱化"了，使那乳汁又变成黄黄的透明之水了。

在上述这些情形之中，在我大吃特吃之后，乳汁都发生了重大而显著的变化，人眼可望而见，人鼻可嗅而知，人口可拒之而不饮，就不至于发生什么变故了。

然而有时"牛山"上的情形很恶劣，山谷里净是乌烟瘴气，我的一群淘气的孩子已在山里东冲西突，乱抢乱劫。它们一得到乳峰开放的消息，一定会狂奔而来，混在乳汁里捣乱哪！

在我的菌众中，它们是最刁滑无比（生动形象地表现了细菌里最厉害的那一部分又狡猾又蛮横的样子）的一群，它们可以不动声色地偷偷地在那里吃乳。它们吃过了之后，那乳汁也不会发生任何变化，人若不知不觉地吃了这样的乳汁，那才危险哩。

就这样，我的这一群野孩子就随着乳汁深入人身的内部去了。它们行凶造成不幸的事件就有结核、伤寒、副伤寒、痢疾、白喉、猩红热、脓毒性的喉痛，乃至于"布鲁氏菌病"之类的疫病。不知什么时候这消息又被科学先生的情报处所侦知了，于是在"人山"的食洞里，在乳汁所走过的路途上，在"牛山"的乳峰里，他们就大肆搜捕我的菌众，我的儿孙们无辜而被牵连入狱者不计其数。

最后，科学先生得到了完全的罪证，他们才知道，这些从乳汁所传染来的疫病，都是我那一群淘气的孩子所干的事，和我普通的菌众无干。

他们又发现了我的孩子们的弱点。我那些淘气的孩子，都是顶怕热的微生物，温度一过了60摄氏度（140华氏度），经过20分钟之久，它们就要死尽了，而其他于人无害的菌众，则仍可以在这热度中偷生。

所以在今日，牛奶的消毒都是根据了这个原理。这似乎是他们顾全了我全体菌众的生命，不用蒸煎的法子来歼灭我的全部，而其实是他们为着自己的利益，因为牛奶一经煮开，它滋养的内容就会损坏不少哇。

我听说，这种消毒法，又是那位胡子科学先生所想出来的，他真是处处和我为难。哎呀，那胡子，他真是我的老对头！

食道的占领

谋食的问题真够复杂而矛盾的。

除了无情的水、无情的空气、无情的矿盐之外，一切生命的原料，都是有情的东西，都是有机体，都是各种生物的肉身。

地球上各种生物，都有吃东西的资格，也都有被吃的危险。不但大的要吃小的，小的也要吃大的。不但人类要宰鸡杀羊，寄生虫也要拿人血人肉来充饥。这不是复仇，不是报应，这是生物界的一贯规律：生存竞争。

在生物界中，我是顶小顶小的生物，我要吃顶大顶大的东西，不，我什么东西都要吃，只要它不毒死我。一切大大小小的生物，都是我吃的对象，因此，我认为我谋食最便当的途径，就是到动物的食道上去追寻。我渺小的身体，哪一种动物的食道去不得？

为了追求食料，我曾走遍天下大小动物的食道。在平时，我和食道的老板都能相安无事，我吃我的，它消化它的，有时，我的吃，

读懂说明方法

做比较：通过"小"与"大"的对比，形象地说明了细菌个体虽小但是威力巨大。

还能帮助它的消化呢。牛羊之类吃草的动物，它们的肚肠里若没有我在帮助它们吃，那些生硬的草的生硬的纤维，就不易消化呀。

虽然，有些动物的食道，我是不大愿意去走的。蝎儿的肠腔我怕它太阴毒，某种蠕虫的肚子我嫌它太狭窄；北极的白熊、印度的蝙蝠，它们的食道，我也很少去光顾，我受不了不良环境与气候的威胁呀！

我到处奔走求食，我在食道上有深久的阅历，我以为环境最优良、最丰腴的食道，要推举人类的肚肠了。这在前面我已宣扬过了：

> 人类的肚肠，是我的天堂，
> 那儿没有干焦冻饿的恐慌，
> 那儿有吃不尽的食粮。

人类这东西，也是最贪吃的生物，他的肚子，就是弱小动植物的坟墓，生物到了他的口里，早已一命呜呼了。独有我菌儿这一群，能偷偷地渡过他的胃液，于是他肠子里的积蓄就变成我的粮仓食库了，在消化过程中的菜饭鱼肉就变成我的沿途食摊了。在这条大道上，我一路吃，一路走，冲过了一关又一关，途中风光景物，真是美不胜收，几乎到处都拥挤不堪，我真可谓饱尝个中的滋味了。虽然，我有时也曾厌倦了这种贵族式的油腻生活，真巴不得早点溜到肛门之外呀。

然而在平时，我的大部分菌众始终都认为人类的肚肠是我最美满的乐土，尤其是在这人类称霸的时代，地球上的食粮尽归他所统治，他的食道实在是食物的大市场、食物的王国呀。我若离开他的身体再到别的地方去谋生，那最终是要使我失望的呀。

　　这种道理，我的菌众似乎都很明白，因此，不论远近，只要有机可乘，我就一跃而入人类的大口，这是占领食道的先声。

　　在他的大口里，就有不少食物的渣滓及皮屑，都是已死去的动植物的细胞和细胞的附属品，在齿缝舌底之间填积着，可供我浅斟慢酌，我也可以兴旺一时了。然而，我在大口里，老是站不住脚。<u>口津如温泉一般滚流不息</u>，强盛的血液又使我战栗，吞食的动作又把我卷入食管里面去了。不然的话，我一旦得势，攻陷了黏膜，那张堂皇的大口就要臭烂出脓了。

　　到了食管，我顺着食管动荡的力量，长驱直入，我的先头部队早已进抵胃的边岸了。"扑通"一声，我堕入黑洞洞、热滚滚、<u>酸溜溜、毒辣辣</u>（四个形容词准确形象地说明了胃液具有强大的杀菌作用）的胃液的深渊里去了。不幸我的大部分菌众都白白地浸死了。剩下了少数顽强的分子，它们有油滑的荚膜披体，有坚实的芽孢护身，一冲就冲过了

读懂说明方法

　　打比方：把口津比作温泉，生动形象地说明了唾液有温度又不停分泌的特点。

这食道上最险恶的难关，安然到达胃的彼岸了。

有的人，胃的内部受了压迫，酿成了胃细胞怠工的风潮，胃液产量不足，酸度太淡，消化力不够强，我就不怕他了，就是从来渡不过胃河的菌众，现在也都跟跄地过去了。

有的时候，胃壁上陡地长出一团怪东西，是一种畸形的、多余的发育，科学先生给它一个特殊的名称叫作"癌"。癌，这不中用的细胞的大结合，就被我毫不客气地占领了，作为我攻人的特务机关了。

一越过了有皱纹的胃的幽门，食道上的景色就要一变，变成了重重叠叠的、有"绒毛"的小肠的景色了。酸酸的胃液流到了这里，就渐渐地减弱了它的酸性。同时，黄黄的胆汁自肝来，清清的胰液自胰腺来，黏黏的肠液自肠腺里涌出，这些人体里的液汁，都有调剂酸性的本能。经过了胃的一番消化作用的食物，一到小肠，就渐渐成为中间性的食物了。中间性是由酸入碱必经的一个段落，在这个段落里，我就敢开始我吃的劳作了。

不过，我还有所顾忌，就是那些食物身上还蕴蓄着不少的"缓冲的酸性"，随时都会发生动摇，而大好的小肠，又有了变成酸溜溜的可能。所以在小肠里，我的菌众仍是不肯长久居留，我仍是不大得意的呀！

蠕动的小肠，依照它在食道上的形势，和它的绒毛的式样，可分为三大段。第一段是十二指肠，全段只有十二个指头并排在一起那么长，紧接着是胃的幽门。第二段是空肠，食物运到这里，是随到随空的，不是被肠膜所吸收，就是急促地向下推移。第三段是回肠，它的蜿蜒曲折千回百转的路途，急煞了混在食物里面的我，我的行动是受了影响了，而同时食物的大部分珍美的

滋养料，也就在这里，都被肠壁的细胞提走了。

我辛辛苦苦地在小肠的道上，一段一段地推进，一步一步我的胆子壮起来了。不料刚刚走到酸性全都消失的地方，好吃的东西出其不意地又都被人体的细胞抢去吃了。我深恨那肠壁四周的细胞。

小肠的曲折，到了盲肠的界口就终止了。盲肠是大肠的起点。在盲肠的小角落里，我发现了一条小小的死巷堂，是一条尾巴似的突出的东西，食物偶尔坠落进去，就不得出来。我也常常占领了它作为攻人的战壕，因此"人山"上就发生了盲肠炎的恐慌。

到了大肠了。大肠是一条没有绒毛的平坦大道，在"人山"的腹部里面绕了一个大弯。已经被小肠榨取去精华的食物，到了这里，只配叫作食渣了。这食渣的运输极其迟缓，愈积愈多，拥挤得几乎透不过气。我伏在这食渣上，顺着大肠的趋势，慢慢往上升，慢慢横着走，慢慢向下降，过了乙状结肠，到了直肠，这是食道上最后的一站，就望见肛门之口，别有一番天地了。

食渣一到大肠的最后一段，一切可供为养料的东西，都已被肠膜的细胞和我的菌众洗劫一空了，所剩下的只是我无数菌众的尸身和不能消化的残余，再染上胆汁之类的彩色，简直只配叫作屎了。屎这不雅的名称，倒有一点写实的意思呀。

多事的科学先生，曾费了一番苦心去研究屎的内容，他们发现了屎的总量的1/4至1/3都是"尸"，"尸"是就我而言的。据说，我的菌群，从成人的肛门口所逃出的，每天总有8克重量，真不算少，估计起来，约有128000000000000000000之多的菌尸。128之后，又拖上了18个零，这数字是多么惊人。由此可以想见大肠里的情形是如何热闹了。

然而，在十二指肠的时候，我新从死海里逃生，我的神志，犹昏昏沉沉，我的菌数，殆寥寥无几，这些大肠里异常热闹的菌众，当然是到了大肠之后才繁殖出来的。我的先头部队，只需在每一群中，各选出几位有力的代表做开路的先锋，以后就可以生生世世在肠腔里传子传孙了。

在我的先头部队之中，最先踏进（准确形象地写出了细菌主动进攻的形态）肠口的，是我的一个最可疼的孩子。它是不怕酸的一员健将，它顶顶爱吃的东西就是乳酸。它常在乳峰里鬼混，它混在乳汁里面悄悄地冲进婴儿的食道里来了。在婴儿寂寞的肠腔里，感到孤独悲哀而呻吟的，就是它。它还有一位性情相近的兄弟，那是从牛奶房里来的，也老早就到"人山"的食道上了。

在婴儿断乳以前的肠腔，这两弟兄是出了十足的风头，红极一时的。婴儿一断了乳，四方的菌众都纷纷而至，要求它俩让出地盘。它们一失了势，从此就沉默下去了。

这些后来的菌众之中，最值得注意的是我的两个最出色的孩子，这两个都是爱吃糖的孩子。它们吃过了糖之后，就会使那糖发酵。发酵是我菌儿特有的技能，为了发酵，不知惹出了多少闲气来，这是后话不提。

这两个孩子，一个就是鼎鼎大名的"大肠杆菌"，看它的名字，就晓得它的来历。它的足迹遍布天下动物的肚肠，只有鱼蛤之类冷血动物的肠腔，它似乎住不惯。科学先生曾举它做粪的代表，它在哪儿，哪儿便有沾粪的嫌疑了。

那另一个，也有游历全世界肚肠的经验。它身上是有芽孢的，它的行旅是更顺利了。不过，它有一种怪脾气，好在黑暗没有空气的角落里过日子，在有新鲜空气的地方反而不能生存下去。这是"厌气菌"的特色，肚肠里的环境，恰恰适合了它这种奇怪的生活条件。

　　我的孩子们有这种怪脾气的很多，还有一个，也在肚肠里谋生。它很淘气，常害人得破伤风，在肠腔里，它却不作怪。你们中国北平工人的肠腔里，就收留了不少它的芽孢，这大概是由于劳苦的工人多和土壤接近吧！我的这个孩子本来伏在土壤里面，尤其是在北平，大风刮起漫天的尘沙，人力车夫张着大口喘息不定地在奔跑，它的机会就来了。

　　其实，我要攀登"人山"上食道的机会，真多着呢！哪一条食道不是完全公开的呢？我的孩子们，谁有不怕酸的本领，谁能顽强抵抗人体的攻击，谁就能一埕一埕冲进去了。在这"人山"正忙着过年节的当儿，我的菌众就更加活跃了。

　　我虽这样地占领了食道，占领了人类的肚肠，却仍逃不过科学先生灼灼的目光。有时人们会叫肚子痛，或大吐大泻，于是他们的视线又都汇集到我的身上了，又要提我到实验室审问去了。那胡子的门徒又在作法了，号称天堂的肚肠，也不是我的安乐窝了。唉，真晦气！

问题梳理清单

1．细菌在食道的"旅行过程"是怎样的？

通过食物进入口腔→食管→胃部→小肠→大肠。

2．在小肠里，都有哪些液体能调剂酸性？

酸酸的胃液、黄黄的胆汁、清清的胰液、黏黏的肠液。

3．小肠分为哪几部分？

第一段是十二指肠，第二段是空肠，第三段是回肠。

肠腔里的会议

崎岖的食道，纷乱的肠腔，
我饱尝了糖类和蛋白质的滋味。
我看着我的孩子们，一群又一群，
齐来到幽门之内，开了一个盛大的会议，
有的鼓起芽孢，有的舞着鞭毛，
尽情地欢宴，尽量地欢宴。
天晓得，乐极悲来，好事多磨，
突然伸来科学先生的怪手，
我又被囚入玻璃小塔了，
无情之火烧，毒辣之汁浇，
我的菌众一一遭难了。
烧就烧，浇就浇，我始终不屈服！
他的手段高，我的菌众多，我永远不屈服！
这肠腔里的会议是值得纪念的。
这肠腔里的"菌才"是济济一堂的。

从寂寞婴儿的肠腔，变成热闹成人的肠腔，我的孩子们先先后后来到此间的一共有八大群，我现在一群一群地来介绍一下吧。

俨然以大肠的主人自居的"大肠杆菌"，酸溜溜从乳峰之口

奔下来的"乳酸杆菌"，以不要现成的氧气为生存条件的"厌氧杆菌"，这三群孩子我在前一章已经提出，这里不再啰唆了。其他的五大群呢？其他的五大群也曾在肠腔里兴旺过一时。

第四群，是"链球儿"那一房所出的，它们的身子是那样圆圆的小球似的，有时成串，有时成双，有时单独地出现（通过对第四群细菌的外形描写，具体形象地展示出它们的外形和组合时的不同状态）。科学先生看见它，吃了一惊，后来知道它在肚子里并不作怪，就给它起了一个绰号，叫作"吃屎链球菌"。"链球菌"这三字多么威风！这是承认它是肺港之役曾出过风头的吃血链球菌的小兄弟了。而今乃冠之以"吃屎"，是笑它的不中用，只配吃屎了。我这群可怜的孩子，是给科学先生所侮辱了，然而这倒可以反映出它在肠腔里的地位呀！

第五群，是"化腐杆儿"那一房所出的，它的小棒儿似的身体，蛮像大肠杆菌，不过，它有时变为粗短，有时变为细长，因此科学先生称它作"变形杆菌"。它浑身都是鞭毛，因此它的行动极其迅速而活泼。它好在阴沟粪土里盘桓，一切不干净的空气、不漂亮的水，都有它的踪迹。它爱吃的尽是些腐肉烂尸及一切腐败的蛋白质，它真是腐体寄生物中的小霸王。它在哪儿发现，哪儿便有臭腐的嫌疑。它闻到了这肠腔里臭味冲天，料到这儿有不少腐烂的蛋白质在堆积着，因此它就混在剩余的肉汤菜渣里滚进来了。

在肠腔里，它虽能安静地干它化解腐物的工作，但它所化解出来的东西，往往含有一点毒质，使肠膜的细胞感到不安。科学先生疑它和胃肠炎的案件有关，因此它就屡次被捕了。如今这案件还在争讼不已，真是我这群孩子的不幸。

　　第六群，是"芽孢杆儿"那一房所出的。也是小棒儿似的样子，它的头上却长出一颗坚实的芽孢。它的性儿很耐，行动飞快。它的地盘也很大，乡村的土壤和城市的空气中，都寻得着它。它爱喝的是咸水，爱吃的是枯草烂叶。它也是有名的腐体寄生物，不过它的寄主多数都是植物的后身，因此科学先生呼它作"枯草杆菌"。它大概是闻知了这肠腔里有青菜萝卜的气味，就紧抱着它的芽孢，而飘来这里借宿了（连续的动作描写，生动地展示了第六群细菌入侵肠腔的诱因和经过）。有那样坚实的芽孢，胃液很难浸死它，它这一群冲进幽门的着实不少哇。

　　在新鲜的粪汁里，科学先生常发现一大堆它的芽孢。它又常到实验室里去偷吃玻璃小塔中的食粮，因此实验室里的掌柜们都十分讨厌它。但因为它毕竟是和平柔顺的分子，在大人先生的肚子里并没有闹过乱子，科学先生待它也特别宽容，不常加以逮捕。这真是这群吃素的孩子的大幸。

　　第七群，是"螺旋儿"那一房所出的。它的态度有点不明，而使科学先生狐疑不定。它一被科学先生捉了去，就

坚决地绝食以反抗，所以在那玻璃小塔里，是很难养活它的。后来还亏东方木屐国有一位什么博士，用活肉活血来请它吃，它的真相乃得以大明。它的像螺丝钉一般的身体，弯了一弯又一弯，真是在高等动物的温暖而肥美（两个词语说明了高等动物的血肉非常适合细菌生存，准确形象地显示了第七群细菌的爱好）的血肉里娇养惯了，一旦被人家拖出来，才会那样难养。大概我的孩子们过惯了人体舒适的生活，都有这样古怪的脾气，而这脾气在螺旋儿这一群，是显得格外厉害的了。

即便如此，我这螺旋儿，有时候因为寻不着适当的人体公寓，也暂在昆虫小客栈里借宿，以昆虫为"中间宿主"。在形态上，在性格上本来已经有"原动物"的嫌疑的它，更有什么中间宿主这秘密的勾当，愈发使科学先生不肯相信它是我菌儿的后裔了。于是就有人居间调停了，叫它作"螺旋体"（一类无芽孢的原核生物），说它是生物界的中立派。这些都是科学先生的事，我何必去管。

我只晓得，它和我的其他各群孩子过从很密。在口腔里，在牙龈上，在舌底下，我们都时常会见到。在肠腔里，我们也都在一块住，一块吃，它也服服帖帖的并不出奇生事。要等它溜进血川血河里，这才大显其身手，它原是血水里的强盗。不过它还有一所秘密的巢窝，是人间所讳言的神秘之窟。其实，那有什么了不起呢？我一生成功的秘诀，就在生殖得快而且多呀！正因为人类的生殖器，多为庄严的礼教所软禁，迫得愚夫愚妇铤而走险，这才闹出花柳病的案子、花柳病的乱子了。于是人类生殖器便成为这螺旋儿的势力区了，不然，它也只好平心静气地伏在肠腔里养老哇。

第八群，是"酵儿"和"霉儿"。它们并不是我自己的孩子，而是我的大房二房兄弟所出的，算起来还是我的侄儿哩。它们都是制酒发酵的专家，不过它们也时常到人类肚子里来游历，所以在这肠腔里集会的时候，它们也列席了。

那酵儿在我族里算是较大的个子，它那像小山芋似的胖胖的身体是很容易认得的。它的老家是土壤，它常伏在马蜂、蜜蜂之类的昆虫脚下飞游，有时被这些昆虫带到了葡萄之类的果皮上，它就在那儿繁殖起来，那葡萄就会变酸了，它也就是从这酸葡萄、酸茶之类的食物滚进"人身"的口洞里来了。酒桶里没有它，酒就造不成，这在中国古代，人们早就知道了，不过看不出它是活生生的生物罢了。它的种类也很多，所造出来的酒也各不相同。法国的酒商曾为这事情闹到了胡子科学先生的面前。

那霉儿，它的身子像游丝似的，几个十几个细胞连在一起。它是无所不吃的生物，它的生殖力又极强，气候的寒热干湿它都能忍耐过去，尤其是在四五月之间毛毛雨的天气里，它最盛行了，因此它的地盘之大，我的菌众都比不上。它有强烈的酵素，它所到的地方，一切有机体的内部都会起变化，人类的衣服、家具、食品等东西都给它毁损了。然而它的发酵作用并不完全有害，人类有许多工业都靠着它来维持哩。

关于这两群孩子的事实还很多，将来也要请笔记先生替它们立传，我这里不过附带声明一声罢了。

以上所说的八大群的菌众，先后都赶到大肠里集会了。

"乳酸杆儿"是吃糖产酸那一房的代表。

"大肠杆儿"是在肠子里淘气的那一房的代表。

"厌氧杆儿"是讨厌氧气那一房的代表。

"吃屎链球儿"是球族那一房的代表。

"化腐杆儿"是吃死肉那一房的代表。

"芽孢杆儿"是吃枯草烂叶那一房的代表。

"螺旋儿"是螺旋那一房的代表。

"酵儿"和"霉儿"是发酵造酒那两房的代表。

这八群虽然不足以代表大肠的全体菌众，但是它们是大肠里最活跃最显著最有势力的分子了。

在前几章的自传里，我并没有谈到我自己的形态，在本章里我也只略略地提出。那是因为你们是没有福气看到显微镜的大众，总没有机会会见我，我就是描写得非常精细，你们的脑袋里也不会得到深刻的印象啊！在这里，你们只需记得我的三种外表的轮廓就得了：球形、杆形和螺旋形三种。

还有芽孢、荚膜、鞭毛也是我身上的特点，这里我也不必详细去谈。

然而，我认为你们应当格外注意的，就是我在大肠里面是怎样的吃法，这和你们的身体很有利害关系呀。

我的这八群孩子，它们的食癖，总说起来可分为两大派：一派是吃糖，糖就是碳水化合物的代表；一派是吃肉，肉是蛋白质的代表。

它们吃了糖就会使那糖发酵变酸。

它们吃了肉就会使那肉化腐变臭。

这酸与臭就是我在生理化学上的两大作用啊！

然而大肠里蛋白质与碳水化合物的分布是极不平均的。和尚尼姑的大肠里大约是糖多，阔佬富翁的大肠里大约是肉多。

糖多，我的爱吃糖的孩子们，如乳酸杆儿之群，就可以勃兴了。

肉多，我的爱吃肉的孩子们，如化腐杆儿之群，就可以繁盛了。

乳酸杆儿勃兴的时候，是对你们大人先生的健康有益的，因为它吃了糖就会产出大量的酸。在酸汁浸润的肠腔里，吃肉的菌众是永远不会得志的，而且就是我那一群淘气的野孩子，偶尔闯 (这个动词形象地写出了细菌横冲直撞、不管不顾的样子) 进来，也会立刻被酸所扫灭了。所以在乳酸杆儿极度繁荣的肠腔里，人身上是不会发生伤寒病之类的乱子的，所以今天的科学医生常利用它来治疗伤寒。

伤寒的确是你们的极可怕的一种肠胃传染病，是我的一群凶恶的野孩子在作祟。这野孩子就是大肠杆儿那一房所出的。在烂鱼烂肉那些腐败的蛋白质的环境里，它就极容易发作起来。害人得痢疾的野孩子也是这一房所出的，害人得急性胃肠病的也是这一房所出的，它们都希望有大量的肉渣鱼屑，从胃的幽门运进来，还有霍乱那极淘气的孩子，也是这样的脾气。霍乱、痢疾、伤寒这三个难兄难弟和你们中国人是很有来往的，我不高兴去多谈它们了。

就是这些野孩子不在肠腔里的时候，如果肠腔里的蛋白质堆积得过多，别的菌众也会因吃得过火，而使那些蛋白质化解成为毒质。

专会化解蛋白质成为毒质的，要算是著名的"腊肠毒杆儿"了，这杆儿是我的厌气那一房孩子所出的。这些厌气的孩子，身上也都带着坚实的芽孢，既不怕热力的攻击，又不怕酸汁的浸润，很容易就溜进肠腔里来了。

那八大群的菌众是肠腔会议中经常出席的，这些淘气的野孩

子是偶尔进来列席旁听的。我们所讨论的议案是什么？那是要严守秘密的！

不幸这些秘密都被胡子科学先生的徒子徒孙们一点一点地查出来了。

于是这八大群的孩子，淘气的野孩子以及其他的菌众一个个都银铛入狱，被拘留在玻璃小塔里面了。

这科学先生是要研究出对付我们的圆满的办法呀。

问题梳理清单

1. 人的肠腔里都有哪些细菌？

大肠杆菌、乳酸杆菌、厌氧杆菌、链球菌、变形杆菌、枯草杆菌、螺旋杆菌、酵母菌和霉菌。

2. 细菌的外形特点是什么？

有球形、杆形和螺旋形三种外形轮廓；有芽孢、荚膜、鞭毛。

3. 八大菌落可分为哪两类？

一派是吃糖，糖就是碳水化合物的代表；一派是吃肉，肉是蛋白质的代表。

清 除 腐 物

真想不到，我现在竟在这里，受实验室的活罪。

科学的刑具架在我的身上，

显微镜的怪光照得我浑身通亮；

蒸锅里的热气烫得我发昏；

毒辣的药汁使我的细胞起了溃伤。

亮晶晶的玻璃小塔里虽有新鲜的食粮，

那儿终究要变成我生命的屠宰场。

从冰箱到暖室，从暖室又被送进冰箱，

三天一审，五天一问，

侦察出我在外界怎样地活动，

揭发了我在人间行凶的真相。

于是科学先生指天画地地公布我的罪状，

口口声声大骂我这微生物太荒唐。

自私的人类，都在诅咒我的灭亡，

一提起我的怪名，

他们不是怨天，就是"尤人"（这"人"是指我）！

怨天就是说："天既生人，为什么又生出这鬼鬼祟祟的细菌，暗地里谋害人命？"

"尤人"的就说："细菌这可恶的小东西，和我们势不两立，恨不得将天下的细菌一网打尽！"

这些近视眼的科学先生，和盲目的人类大众，都以为我的生存是专跟他们作对似的，其实我哪里有这等疯狂？

他们抽出片断的事实，抹杀了我全部的本相。

我真有冤难申，我微弱的呼声打不进大人先生的耳门。

现在亏了有这位笔记先生，自愿替我立传，我乃得向全世界的人民将我的苦衷宣扬。

我菌儿真的和人类势不两立吗？这一问未免使我的小胞心有点辛酸（通过对菌儿的心理描写，直白地表明了它不愿意与人类为敌的愿望）！

天哪！我哪里有这样的狠心肠，人类对我竟生出这样严重的恶感。

在生存竞争的过程中，哪个生物没有越轨的举动？人类不也在宰鸡杀羊，折花砍木，残杀了无数动物的生命，伤害了无数植物的健康？而今那些传染病暴发的事件，也不过是我那一群号称"毒菌"的野孩子，偶尔为着争食而突起的暴动罢了。

正如人群中之有帝国主义者，兽群中之有猛虎毒蛇，我菌群中也有了这狠毒的病菌。它们都是横暴的侵略者，残酷的杀戮者，阴险的集体安全的破坏者，真是丢尽了生物界的面子！闹得地球不太平！

我那一群野孩子粗暴的行为虽时常使人类陷入深沉的苦痛，这毕竟是我族中少数不良分子的丑行，败坏了我的名声。老实说这并不是我全体的罪过呀！我菌众并不都是这么凶啊！

我在那长年流落的生活中，踏遍了现在世界一切污浊的地方，在臭秽中求生存，在潮湿处传子孙，与卑贱下流的东西为伍，忍受着那冬天的冰雪，被困于那燥热的太阳，无非是要执行我在宇宙间的神圣职责。

我本是土壤里的劳动者，大地上的清道夫，我除污秽，解固体，变废物为有用物。

有人说，我也就是废物的一分子。那真是他的大错、他对于事实的蒙昧了。

我飞来飘去，虽常和腐肉、烂尸、枯草、朽木之类混居杂处，但我并不同流合污，不做废物的傀儡，而是做它的主宰，我是负有清除它的使命的呀！

喂，自命不凡的人类呀！不要藐视了我这低级的使命吧！这世界是集体经营的世界！不是上帝或任何独裁者所能一手包办的！地球的繁荣靠着我们生物界全体的努力！我们无贵无贱，都要共同合作的呀！

在生物界的分工合作中，<u>我菌儿微弱的单细胞所尽的薄力，虽只有看不见的一点一滴，然而我集合无限量的菌众，挥起伟大的团结力量，也能移山倒海，也能呼风唤雨呀</u>（运用夸张的手法突出了细菌团结起来时力量无比强大的样子，也有力地展示出细菌愿意服务人类的强大决心）！

我悄悄地伏在土壤里工作，已经历过数不清的年头了。我化解了废物，充实了土壤的内容，植物不断地向它榨取原料，而它仍能源源地供给不竭，这还不是我的功绩吗？

我怎样化解废物呢？

我有发酵的本领，有分解蛋白质的技能，又有溶解脂肪的特长啊！

在自然界的演变途中，旧的不断地在毁灭，新的不断地从余烬中诞生，我的命运也是这样。我的细胞不断地在毁灭与诞生，我是需要向环境索取原料的，这些原料大都是别人家细胞的尸体，人家的细胞虽死，但它细胞的滋养成分不灭，我深明这一点。但我不能将那死气沉沉的细胞，不折不扣地照原样全盘收纳进去，我必须将它顽固的细胞拆散，像拆散一座破旧的高楼，用那残砖断瓦、破栋旧梁，重新改建好几所平房似的。

因此，我在自然界里面，有一大部分的职责，便是整天整夜地坐在生物的尸身上，干那拆散旧细胞的工作。虽然有时我的孩子们因吃得过火，连那附近的活生生的细胞都侵犯了，但这是它们的唐突。这也许就是我菌儿所以开罪于人类的原因吧！

那些已死去的生物的细胞，多少总还含点蛋白质、糖类、脂肪、水、无机盐和活力素等六种成分吧。这六种成分，我的小小而孤单的细胞里面，也都需要着，一种也不能缺少。

这六种中间，以水和活力素最容易消失，也最容易吸收，其次就是无机盐，它的分量本来就不多，也不难穿过我的细胞膜。只有那些结构复杂而又坚实的蛋白质、糖类

读懂说明方法

打比方：把细菌的分解比作拆散一座破旧的高楼，生动形象地写出了细菌分解工作的原理，也说明了细菌的分解对生物界有很大的贡献。

和脂肪等，我才费尽了力气，将它们一点一点地软化下去，一丝一丝地分解出来，变成了简单的物体，然后才能引渡它们过来，作为我新细胞建设与发展的材料。

是蛋白质吧，它的名目很多，性质各异，我就统统要使它一步一步地返本归元，最后都化成了氨、一氧化氮、硝酸盐、氮、硫化氢、甲烷，乃至于二氧化碳及水，如此之类最简单的成分了。

这种工作，有个专门名词，叫作"化腐作用"，把已经没有生命的腐败的蛋白质化解走了。这时候往往有一阵怪难闻的气味，冲进旁观者的鼻孔里去。

于是那旁观者就说："这东西臭了，坏了！"

那正是我化解腐物的工作最有成绩的当儿啊！担任这种工作的主角，都是我那一群"厌氧"的孩子。它们无须氧的帮忙，就在黑暗潮湿的角落里或腐物堆积的地方，大肆（用这个词准确地写出了"厌氧"细菌勇猛、强大的特点，生动地展示出它们所发挥的独特作用）活动起来！

是糖类吧，它的式样也有种种，结构也各不同，从生硬的纤维素、顽固的淀粉到较为轻松的乳糖、葡萄糖之类，我也得按部就班地逐渐把它们解放了，变成酪酸、乳酸、醋酸、蚁酸、二氧化碳及水之类的基本物质了。

是脂肪吧，我就得把它化成甘油和脂酸之类的初级分子了。

蛋白质、糖类和脂肪，这许多复杂的有机物，都是以碳为中心的。碳在这里实在是各种化学元素大团结的枢纽。我现在要打散这个大团结，使各元素从碳的连锁中解放出来，重新组织适合我细胞所需要的小型有机物，这种分解的工作，能使地球上一切腐败的东西都现出原形，归还了土壤，使土壤的原料无缺。

　　我生生世世，子子孙孙，都在这方面不断努力着，我所得的酬劳，也只是延续了我种我族的生命而已。而今，我的野孩子们不幸有越轨的举动，竟招惹人类永久的仇恨！我真抱憾无穷了。

　　然而有人又要非难我了，说："腐物的化解，也许是'氧化'作用吧，你这小东西连一粒灰尘都抬不起，有什么能力，用什么工具，竟敢冒称这大地上清除腐物的成绩都是你的功劳呢？"这问题，19 世纪的科学先生曾闹过一番激烈的论战。

　　在这里最能了解我的，还是那我素来所憎恨的胡子先生。他花了许多年的工夫，埋头苦干做实验，结果他完全证实了发酵和化腐的过程，并不是什么氧化作用。没有我这一群微生物在活动，发酵是永远不会成功的呀！

　　我有什么特殊的能力呢？

　　我的细胞里面有一件微妙的法宝。

　　这法宝，科学先生叫它作"酵素"，中文的译名有时叫作"酶"，大约这东西总有点酒或醋的气息吧。

　　这法宝，研究生理化学的人，早就知道它的存在了。可惜他们只看出它的活动的影响，看不清它的内容的结构，我的纯粹酵素人们始终不能把它分离出来。因此多疑的科学先生又说它有两种：一种是有生机的酵素，一种是无生机的酵素。

　　那无生机的酵素，是指"蛋白酵""淀粉酵"之类那些高等动植物身上所有的分泌物。它们无须活细胞在旁监视，也能完成促进化解腐物的工作。因此科学先生就认为它们是没有生机的酵素了。

　　那有生机的酵素，就是指我的细胞里面所存的这微妙的法宝。在酒桶里，在醋瓮里，在腌菜的锅子里，胡子的门徒们观察了我的工作成绩，以为这是我的新陈代谢的作用，以为我这发酵的功能是我细胞全部活动的结果，因而以为我菌儿本身就是一种有生机的酵素了。

我在生理化学的实验室里听到了这些理论，心里怪难受的。

酵素就是酵素，有什么有机的和无机的可分呢。我的酵素也可以从我的细胞内部榨取出来，那榨取出来的东西，和其他动植物体内的酵素原是一类的东西。酵素总是细胞的产物吧，虽是细胞的产物，它却都能离开细胞而自由活动。它的行为有点像化学界的媒婆，它的光顾能促成各种化学分子加速结合或分离，而它自己的成分并不起什么变化。

在化学反应的过程中，这酵素永远是站在第三者的地位，保持着自己的本来面目。然而它却不守中立，没有它的参加，化学物质各分子间的关系，不会那样紧张，不会引起突变，它算是有激发化学的变化之功了。

没有酵素在活动，全生物界的进展就要停滞了。尤其是苦了我！它是我随身的法宝，失去它，我的一切工作都不能进行了。

虽然，我也只觉着它有这神妙的作用。我有了它，就像人类有了双手和大脑，任何艰苦的生活，都可以积极地去克服。有了它，蛋白质碰到我就要松，糖类碰到我就要分散，脂肪碰到我就要溶解，都成为很简单的化学物质了。有了它，我又能将这些简单的化学物质综合起来，成为我自己的胞浆，完成我的新陈代谢工作，完成我清除腐物的使命（运用排比句式，从不同的角度列举酵素的功用，全面而形象地展示出酵素的近乎全能的功用）。

这样一说，酵素这法宝真是神通广大了。它的成分结构究竟是怎样的呢？这问题，真使科学先生煞费苦心了。

有的说，酵素本身就是一种蛋白质。

有的说，这是所提取的酵素不纯净，它的身体是被蛋白质玷污了，它才有成为蛋白质的嫌疑呀！

又有的说，酵素是一个活动体，拖着一只胶性的尾巴，由于那胶性尾巴的勾结，那活动体才得以发挥它固有的力量啊！

还有的说，酵素的活动是一种电的作用。譬如我吧，我之所以能化解腐物，是由于以我的细胞为中心的"电场"，激发了那腐物基质中的各化学分子，使它们"阴阳颠倒"，从而使它们内部的结构发生变动了。

这真是越说越玄妙了！

本来，清除腐物是一个浩大无比的工程。腐物是五光十色无所不包的，因而酵素的性质也就复杂而繁多了。每一种蛋白质，每一种糖类，每一种脂肪，甚至于每一种有机物，都需要特殊的酵素来分解。属于水解作用的，有水解的酵素；属于氧化作用的，有氧化的酵素；属于复位作用的，有复位的酵素。举也举不尽了，这些错综复杂的酵素，自然不是我那一颗孤单的细胞所能兼收并蓄的，这清除腐物的责任，更非我全体菌众团结一致地担负起来不可！

酵素的能力虽大，它的活动却也受了环境的限制。环境中有种种势力都足以阻挠它的工作，甚至于破坏它的完整。

环境的温度就是一种主要的势力。在低温度里，它的工作甚为迟缓，温度一高过70摄氏度，它就很快地感受到威胁而停顿了。由35摄氏度到50摄氏度之间，是它最活跃的时候。我有一种分解蛋白质的酵素，能短期地经过沸点热力的攻击而不灭，那是酵素中最顽强的一员了。

此外，我的酵素，也怕阳光的照耀，尤其怕阳光中的紫外线，也怕电流的振荡，也怕强酸的浸润，也怕汞、镍、钴、锌、银、金之类的重金属的盐的侵害，也怕……

我不厌其详地叙述酵素的情形，<u>因为它是生物界一大特色，是消化与抵抗作用的武器，是细胞生命的靠山，尤其是我清除腐物的巧妙的工具</u>（运用排比的修辞手法，从不同角度形象地说明了酵素的重要作用）。

> 我的一呼一吸一吞一吐，
>
> 都靠着那在活动的酵素，
>
> 那永远不可磨灭的酵素。
>
> 然而，在人类的眼中，它又有反动的嫌疑了。
>
> 那溶化病人的血球的溶血素，不也是一种酵素吗？
>
> 那麻木人类神经的毒素，不也是酵素的产物吗？
>
> 这固然是酵素的变相，我那一群野孩子是吃得过火，
>
> 请莫过于仇恨我，这不是我全体的罪过。
>
> 您不见我清除腐物的成绩吗？
>
> 我还有变更土壤的功业呢！
>
> 这地球的繁荣还少不了我，
>
> 我的灭绝将带给全生物界以难言的苦恼，
>
> 是绝望的苦恼！

土 壤 革 命

土壤，广大的土壤，是我的祖国，是我的家乡。

我不知道从什么时候起，就把生命隐藏在它的怀中，

我在那儿繁殖，我在那儿不停地工作，

那儿有我永久吃不尽的食粮。

有时我吃完了人、兽的尸肉，就伴着那残余的枯骨长眠；

有时我沾湿了农夫的血汗，就舞起鞭毛在地面上游行。

在神农氏没有教老百姓耕种的时候，

我就已经伏在土中制造植物的食料。

有我在，荒芜的土地可变成富饶的田园；

失去我，满地的绿意，一转眼，就要满目凄凉。

蒙古的沙漠，一片枯黄，

就因为在那儿，我没有立足的地方。

在有物质的泥土里，我不曾虚度一刻的时辰，

都为着植物的繁荣，为着自然界的复兴。

有时我随着沙尘而飞扬，叹身世的飘零；

有时我踏着落叶，乘着雨点而下沉；

有时我从肚肠溜出，混在粪中，颠沛流离；

经过曲曲折折的路途，也都回到土壤会齐。

我在地球上虽是行踪不定，

　　我在土壤里却负有变更土壤的使命。
　　变更土壤就是一种革命的工作，
　　是破坏和建设兼程并进的工作。
　　这革命的主力虽是我的菌众，
　　也还有不少其他杂色的成员。
　　土壤，广大的土壤，原是微生物的王国，
　　并且，是微生物的联邦。
　　有小动物之邦，有小植物之邦。

　　在小动物之邦里，有我所痛恨的原虫，有我所讨厌的线虫，有我所望而生畏的昆虫。

　　在小植物之邦里，有我所不敢高攀的苔藓，有我所引为同志的酵霉，有我所情投意合的放线菌。

　　这些形形色色的分子，有些是反动的，有些是前进的。

　　看哪！那原虫，我在"人山"上旅行的时候，已经屡次碰见过了。在肚肠里，酿成一种痢疾的祸变的，不是变形虫的家属吗？在血液里，闹出黑热病的乱子的，不是鞭毛虫的亲族吗？变形虫和鞭毛虫都是顶凶顶狠毒的原虫。它们和我的那一群不安分的野孩子的胡闹，似乎是连成一气的。

　　它们不但在谋害高贵的人命，连我微弱的胞体也要欺凌。我正在土壤里工作的时候，老远就望见它们了，那耀武扬威的伪足，那神气十足的粗毛，汹汹然而来，好不威风（通过对伪足和粗毛的神态描写，淋漓尽致地刻画出它们凶猛的形象）。只恨我，受了环境的限制，行动不自由，尽力爬了24小时，爬不到1英寸（1英寸＝2.54厘米），哪里回避得及，就遭它们的毒手了。

　　这些可恶的原虫所盘伏的地层，也就是我所盘伏的地层。在每一克重的土块里，它们的群众，有时有 100 万以上，少的也有好几百，其中以鞭毛虫占多数。它们的存在，给我族的生命以莫大的威胁，它们真是我的死对头。

　　看哪！那线虫，也是一种阴险而凶恶的虫族，其中以吸血的钩虫尤凶，它借土壤的潜伏所，不时向人类进攻。中国的农民受它的残害者，真不知有多少，它真是田间的大患。这本与我无干，我在这里提一声，免得你们又来错怪我土壤里的孩子们了。

　　看哪！那昆虫，如蚯蚓蚂蚁之徒，是土壤联邦显要的居民。它们的块头颇大，面目狰狞，有些可怕，钻来钻去（通过对昆虫的身材和面部的细致描写，生动形象地写出了它们在细菌眼里强大、可怕的样子），骚扰地方，又有些讨厌。不过，它们所走过的区域，土壤为之松软，倒使我的工作顺利。我有时吃腻了大动物的血肉，常拿它们的尸体来换换口味，也可以解解土中生活的闷气。

　　这些土壤里的小动物的举动，在我们土壤革命者的眼中，要算是落后，而且有些反动的嫌疑了。

　　土壤里小植物之邦的公民，就比较先进了。

读懂说明方法

虽然那苔藓之群，它们的群众密布在土壤的上层，它们有娇滴滴的胞体、绿油油的色素，能直接吸收太阳光，制造自己的食粮。然而它们对于土壤的革命，有什么贡献呢？恐怕也只是一种太平的点缀品，是土壤肥沃的表征吧。它们可以说是土壤国的少爷小姐，过着闲适的生活了。

土壤里真正的劳动者，算起来都是我的同宗，酵儿和霉儿就是那里面很活跃的两种。

酵儿在普通的土壤里还不多见，但在酸性的土壤里，在果园里，在葡萄园里，我常遇着它们。没有它们的工作，已经被抛弃在地上的果皮花叶，一切果树的残余，怎么会化除完尽呢？

霉儿过着极简单的生活，在各样各式的土壤里我都遇到它们。它们这一房所出的角色真不算少：最常见的，有"头状菌"，有"根足菌"，有"曲菌"，有"笔头菌"，有"念珠状菌"，这些怪名都是描写它们的形态的。它们在土中，能分解蛋白质为氨，能拆散极坚固的纤维素。酸性的土壤，是我所不乐居的，它们居然也能在那儿蔓延，真是做到我所不能做的革命工作了。

打比方：把胞体比作"柳丝"，生动形象地写出了胞体细长的形状和分散的布局。

和我的生活更接近的，要算是放线菌那族了。它们那柳丝似的胞体，一条条分支，

98

一支支散开。它们的祖先什么时候和我菌儿分家，变成现在的样子，如今是渺渺茫茫无从查考了。但在土壤里，它们仍同我在一起过活，然而它们的生存条件，似乎比我的严格点，土壤深到了30英寸，它们就渐渐无生望，终至于绝迹了。它们在土壤中最大的任务，是专分解纤维素的，它们似乎又有推动氧化其他有机物之功哩。

最后，我该谈到我自己了。我在土壤联邦里，虽个子最小，年纪最轻，但我的种类却最繁，菌众却最多，革命的力量也最伟大。

我的菌众，差不多每一房每一系，都是在土壤里起家。所以在那儿，还有不少球儿、杆儿、螺旋儿的后代；也有不少硝菌、硫菌、铁菌的遗族。真是济济一堂。

我的菌众估计起来，每一克重的土块中，竟有300万至2亿之多。虽然，这也要看入土的深浅，离开地面2英寸至9英寸之深，我的菌数最多，以后入土越深，我也就越稀少了，深过了4英尺（1英尺＝0.3048米），我也要绝迹。然而，在质地松软的土壤里，我可以长驱直入达到10英尺以内。

有这么多的菌群，在那么大那么深的土壤中盘踞着、繁殖着，无怪乎我声势的浩大，群力的雄厚，我的微生物同辈都赶不上了。

我们这一大群一大群土壤联邦的公民，大多数都是革命的工作者。

土壤革命的工作，需要彻底的破坏也需要基本的建设，因而我们这些公民，又可分为两大派别。

第一派是“营养自给派”，是建设者之群。它们靠着自身的本事，有的能将无机的元素，如硫、氢之类；有的能将无机的化合分类别：运用排比句式，全面地将"营养自给派"里各分子的不同效用表现出来。

物，如氨、二氧化氮、硫化氢之类；有的能将简单的碳化物，如一氧化碳、甲烷之类，都氧化起来，变成植物大众的食粮；又有的能直接吸收空气中的二氧化碳，以补充自己。

在建设工作进行中，这派所用的技术又分两种。有的用化学综合的技术，如硝菌、硫菌、氢菌、甲烷菌、铁菌等。我的这些出色的孩子，就是这样一群技术能手，看它们的名称就可知道它们的行动了。

有的用光学综合的技术，那满身都是叶绿素的苔藓，就是这一类的技术能手。

然而，没有破坏者之群做它们的先驱，预备好土中的原料，它们也有绝食之忧哇。

第二派是"营养他给派"，那就是土壤的破坏者之群了。它们没有直接利用无机物的本领，只好将别人家现成的有机物，慢慢地侵蚀，慢慢地分解，变成了简单的食粮，一部分饱了自己的细胞，其余的都送还土壤了。

然而有时它们的破坏工作是有些过激了，连那活生生的细胞也要加害，这事情就弄糟了。生物界的纠纷，都是由此而兴，而互相残杀的惨变层出不穷了。我所痛恨的原虫就是这样残酷的一群。

至于我菌儿，虽也是这一派的中坚分

子，但我和我的同志们（指酵儿、霉儿及放线菌等）所干的破坏工作，是有意识的破坏，是化解死物的破坏，是纯粹为了土壤的革命而破坏。

土壤的革命日夜不停地在酝酿着，我们的工作也一刻没有停息过。然而这浩大无比的工程，是需要全体土壤公民的分工合作的。破坏了而又建设，建设了而又破坏，究竟是谁先谁后，如今是千头万绪，分也分不清了。

总之，没有"营养他给派"的破坏，"营养自给派"也无从建设；没有"营养自给派"的建设，"营养他给派"也无所破坏。这两派里，都有我的菌众参加，我在生物界地位的重要是绝对不可抹杀的事实。而今近视眼的科学先生和盲目的人类大众，若只因一时的气愤，为了我族群中的那些少数不良分子的蛮动，而诅咒我的灭亡，那真是冤屈了我在土壤里的苦心经营。

经 济 关 系

我正伏在土壤里面，日夜不停地在做工，忽然望见一片乌云，遮满了中国古城的天空。顷刻间，狂风暴雨大作，冲来了一阵火药的气味（通过对乌云和风雨的描写，渲染了紧张恐怖的氛围），几乎使我的细胞窒息。我鼓起鞭毛东张西望，但见平津（指原北平、天津）一带炮火连天，尸血满地！

这又将加重了我清除腐物烂尸的负担了。

这人类的自相残杀，本与我无干，何必我多嘴。

然而不幸战事倘若延长下去，就有这样黑心眼的人要利用细菌战了。这几年来，细菌战的声浪，不是也随着大战的呼声而高扬吗？

奇异而又不足奇异的是细菌战。那是说，他们要请出我那一群蛮狠凶顽的野孩子——人们所痛恨的病菌，来助战了，使我菌儿也卷入战争的旋涡了。这如何不引起我的特别注意呀！

本来，我的野孩子们平日都在和人作战，战争一发，更造成了它们攻人的机会，它们自然就会闻风赶到了。

我想到这里，不禁打了一个寒噤，我的荚膜和鞭毛都战战栗栗抖动起来了（通过对"我"的神态、动作描写，生动形象地表现出菌儿担惊受怕、惶恐不安的样子）。

将来战事一旦结束，人类触目伤心，能不怪我的无情吗？在

平时，我本有传染病的罪名，在战时，我又加上帮凶的暴行啊！他们要更加痛恨我了。

呵呵！我的这些孩子，真是害群之马，它们的猖獗，使人类大众莫不谈"菌"色变，使许多人犹认为"细菌"二字是多么不祥而可怕的名词。这真是我菌儿的大耻呀！

老实说，我的大部分菌众，不像资本家，靠着榨取而生存；不像帝国主义者，靠着侵略而生存；不像病菌，靠着传染病而生存。我的大部分菌众都是善良的细菌，生物界最忠实的劳动者，靠着自身劳动所得而生存。

我在土壤革命的过程中，经常地担任了几部门最重要的工作，这在前章已经述过了。

在土壤里，我不但会分解腐物以充实土壤的内容，还会直接和豆科之类的植物合作哩。

在豆根的尖头，我轻轻地爬上它弯弯的根须，我爬进了豆根的内质，飞快地繁殖起来，由内层复蔓延到外层，使豆根肿胀了，长出一粒一粒的瘤子，这就是"豆根瘤"的现象。

这样地，我和豆根的细胞取得密切联络，实行同居了。隐藏在豆根瘤里面的我的菌众，都是技术能手。它们都会吸收空气中的氮，把氮变成了硝酸盐，送给豆细胞，作为营养的礼物，而它们同时也接受了豆细胞送给它们的赠品——大量的糖类。

这真是生物界共存共荣的好榜样，一丝也没有侵略者的虚伪的气息。

种植豆科植物，可以增进土壤的肥沃，这在中国古代的农民，老早就知道了。可惜几千年以来，吃豆的人们始终没有看见过我的活动啊！

直到 1888 那年，有一位荷兰的科学先生出来仗义执言，由于他研究的结果，这才把我在土壤里的这个特殊功绩表扬了一下。

这是在农业经济上，我对于人类的贡献。

在工业方面，我和人类发生了更密切的经济关系。

人类的工业，最重要的莫过于衣食两项，在这衣食两项中，我却都尽了最大的努力，努力生产。

我原是自然界最伟大的生产力。

宇宙是我的地基，地球是我的厂屋，酵素是我唯一神妙的机器。一切无机和有机的物体都是我的好原料。

我的菌众都在共同劳动，共同生产，所造成的东西，也都涓滴归公，成为生物界的共有物了。

不料，野心的人类，却想独占，将我的生产集中，据为私有。

在显微镜发明以前的时代，他们虽不知道我的存在，却早已发现了我的劳动果实。他们凭着暗中摸索所得的经验，也知道了在人工的环境里面，安排好了必需的原料，也就能产出我的劳动果实来了。

这在当初他们就认为是自然而然的事，到了化学昌明时代，他们又认为这是化学变化的事。谁也想不到这乃是微生物的事呀！

他们所采选的原料，也就是我的天然食料，我的菌众老早就预伏（准确形象地写出了菌众动作的隐蔽性）在那里面了。并且在人工的环境都适合了我生存的条件时，我也飘飘然地不请自来了。

我不声不响地在那儿工作着，造成了大量的生产品，他们却以为是自己的创造与发明，于是传之子孙，守为家传秘法。我的劳动果实，居然被这些无耻的商人占为专利品了。

从酒说起吧，酒就是我的劳动果实之一。我的亲属们多数都

有造酒的天才，尤其是酵儿和霉儿那两房。米麦之类的糖类、各式各样的糖和水果，一经它们的光顾，就都带点儿酒味了。

不过，有的酒味之中，还带点儿酸，带点儿苦，或带点儿臭，这显然表示，在自然界中，有不少的杂色的劳动分子在参加酒的生产哪！这些造酒的小技师，各有不同的个性，不同的酵素，它们所受用的原料又多不同，因而天下的酒，那气味的复杂也就很可观了。

这是酒在自然界中的现象。

天晓得，传说中，是在大禹时代吧，就有了这么一位聪明的古人，叫作仪狄的，偶尔尝到了一种似乎是酒的味道，觉着香甜可口，就想出法子自己动手来造了，从此中国人就都有了酒喝。

西方的国家，也有他们造酒的故事。

于是，什么葡萄酒哇、啤酒哇、白兰地呀，连同绍兴老酒、五加皮等都算在一起，酒的花样真是越来越多了。

酒也是随着生产方式的变化而变化的吧，然而在这生产方式中，我却不能缺席。

在自然界，酒是我的手工业、我的自由职业，我是造酒的生产力。

在人类的掌握中，酒是我的强迫职务，我成为造酒的奴隶、造酒的机器了。

奇异而又不足为奇的是，人类造酒的历史已经有几千年了。他们也从不知道有我在活动。

这黑幕终于是揭穿了，那又是胡子科学先生的功业，他在显微镜上早已侦察好我的行踪了。

有一回，他特制了几十瓶精美的糖汁果液，大开玻璃小塔之门，招请我入内欢宴，结果我所到过的地方，一瓶一瓶都有了酒意了。

于是他就点头微笑地说："乖乖，微生物这小子果然好本领，发酵的工程，都是由它一手包办成功的呀！"

话音未落，他就被法国的酒商请去，看看他们的酒桶里出了什么毛病，怎么好好的酒全变成酸溜溜的了。

胡子先生细细地视察了一番，就做了一篇书面的报告，大意是说：

纯净的酒，应该请纯净的酿母菌来制造。酒桶的监督要严密，不可放乳酸杆菌或其他不相干的细菌混进去捣乱。

乳酸杆菌是制造乳酸的专家，绝不是造酒的角色，你们的酒桶就是这样给它弄得一塌糊涂了，这是你们这次造酒失败的大原因……用非其才。

他所说的酿母菌，指的就是我那酵儿。

我那酵儿，小山芋似的身子，直径不到 5 微米，体重只有 0.0000098175 毫克。然而算起来，它还是吾族里的大胖子。

然而胡子科学先生只知其一，不知其二。那大胖子并不是发酵唯一的能手，吾族中还有长瘦子，也会造出顶甜美的酒，这长瘦子便是指我的霉儿。

霉儿身着有色的胞衣，平时都爱在潮湿的空气中游荡，到处偷吃食品，捣毁物件，是破坏者的身份，又怎么知道它也会生产，也会和人类发生经济关系呢？

这就要去问台湾人了。

原来霉儿那一房所出的子孙很多很复杂，有一个孩子，叫作"黑曲霉"，不知怎的竟被台湾人拉去参加制酒的劳动了，现今的台湾酒，大半都是由它所造成的。

这一房里，还有一个孩子，叫作"黄绿色曲菌"，也曾被中

国、日本和南洋群岛等处的酒商聘去做发酵的工程师。不过它所担任的，是初步的工作，是从淀粉变成糖的工作。由糖再变成酒的工作，他们又另请酵儿去担任了。

我的菌众当中，有发酵本领的，当然不止这几个，有许多还等着科学先生去访问呢，这里想我不一一介绍了。

酒固然是发酵工业中的主要生产品，但甘油在这战争的时代，也要大出风头了。

甘油，它原是制造炸药的原料。请一请酵儿去吃碱性的糖汁，尤其是在那汁里掺进了40%的亚硫酸钠，它痛饮一番之后，就会造出大量的甘油和酒来了。

不过，还有面包，西洋的面包等于中国的馒头包子，都是大众的粮食。它们也须经过一番发酵的手续，它们不也是我的劳动果实吗？

可怜我那有功无罪的酵儿们，在面包制成的当儿就被人们用不断高升的热力所蒸杀了。这在面包店的主人，是要一方面提防酵儿吃得过火，一方面又担心野菌的侵入，所以索性先下手为强，以保护面包领土的完整。

有时面包热得并不透心，这时候我的野孩子里面有个叫作"马铃薯杆菌"，它的芽孢早已从空气中移驻到面包的心窝了，就乘机暴动起来，于是面包就变成胶胶黏黏的有酸味不中吃的东西了。

在人类的食桌上除了面包和酒以外，还有牛奶、豆腐、酱油、腌菜之类的食品，也都须靠着我的劳动才能制造成功。

牛奶，不是牛的奶吗？怎么也靠着我来制造呢？

这里我指的是一种特别的牛奶——酸牛奶。这东西中国人很少吃过，而欧美人士却当它是比普通牛奶还好的滋补品，是有益于肠胃消化的卫生食品了。

酸牛奶的酸是有意识的酸，是含有抗敌作用的酸。酸牛奶一落到人们的肚子里，我的野孩子们就不敢在那儿逞凶了。

奇异而又不足为奇的是，制造酸牛奶的劳动者，就是造酒商人所痛恨的"乳酸杆菌"哪！

呵呵！我的乳酸杆菌，在牛奶瓶中，却大受人们欢迎了。

不但在牛奶瓶中有如此盛况，在制造奶油和奶酪的工厂中，它也到处都受厂方的特别优待。这都因为它是专家，它有精良的技术，奶油、奶酪、酸牛奶等，都是它对人类优良的贡献。

酸牛奶在保加利亚、土耳其及其他国，是很盛行的。因为它有功于肠胃，所以那儿的居民，常恭维它作"长寿的杆菌"。这真是我这孩子的一件美事。

据说，美国的腌菜所用的乳酸，也是这乳酸杆菌的出品。不过，他们在乳酸之外，有时又掺进了一些醋酸、酪酸，及其他有香味的酸。

这些淡淡浓浓的酸，我也都会制造。法国有一位著名的女化学家，就曾请我到她实验室里表演造酸的技术。结果，我那个黑色的菌儿表演的成绩最佳，它造成了大量的草酸和柠檬酸。现在市场上所售的柠檬酸，一大部分都是它的出品。

豆腐、酱油之类的豆制食物，却是我的黄绿色曲菌的出品了，这是因为它有化解豆类蛋白质的能力。

中国制酱油的历史，算是最久远了。可惜中国人死守古法，不知改进，又因为对我的真相的不认识，酱油里往往有野菌暗渡，弄得黄绿色曲菌不能安心工作，不知浪费了多少原料哇！

你看，那日本的商人就乖巧些，他们就肯埋头研究，积极在我的菌众中物色最干练的酱油司务。

在爪哇，豆制食品也很兴盛，他们专请了另一位小技师，那是我的棕色曲菌。我又有几个孩子，被美国人请去帮他们制造甜美的冻膏了。

总之，在吃的方面，我和人类的经济关系，将来的发展是未可限量的。

不过在许多地方，人类却都提心吊胆（形象生动地表现出人类因为细菌而忧虑、害怕的样子）的，谨防我来侵犯他们的食品。这是因为我那些野孩子的暴行给他们的恶劣印象太深刻了。

那新兴的罐头食品工业，便是人类食品自卫的一个大壁垒。他们用高压强热的手段，来消灭我在罐头境内的潜势力；又密不通风地封锁起来，使我无缝可入。这真是罕见的门罗主义，食物的独占政策，我在这儿也不便多说了。

穿的方面呢？人类也尽量地利用了我的劳力了。浸麻和制革的工业就是两个显著的例子。

在这儿，我的另一班有专门技术的孩子，就被工厂里的人请去担任要职了。

浸麻，人类在古埃及时代，就发明了浸麻的法子了，也老早就雇用了我做包工。可是，像造酒一样，他们当初并没有看出我的行迹来。

浸麻的原料是亚麻，亚麻是顶结实的一种植物组织，是衣服的上等材料，它的外层，有顽固而有黏胶性的纤维包围着。

浸麻的手续就是要除去这纤维，这纤维的消除又非我不行。我的孩子们有化解纤维素的才能的也不多见，这可见，化解纤维素的本事，真是难能可贵了。

　　这秘密，直到 20 世纪的初期，才有人发觉，从此浸麻的工业者，就大体注意我这有特殊技能的孩子的活动了。于是就力图改善它的待遇，在浸麻的过程中，严禁野菌和它争食，也不让它自己吃得过火，才不至于连亚麻组织的本身也吃坏了。

　　在制革的工厂里面，我的工作尤为紧张。在剥光兽毛的石灰水里，在充满腥气的暗室中，在五光十色的鞣酸里，到处都需要我的孩子们的合作。兽皮之所以能化刚为柔而不至于臭腐，我实有大功。

　　不过，在这儿，也和浸麻一样，不能让我吃得过火，万一连兽皮的蛋白质都嚼烂了，那就前功尽弃了。

　　土壤革命补助了农村经济；衣食生产有功于人类的工业。这样看来，我不但是生物界的柱石，我还是人类的靠山，干脆点说：人类靠着我而生存。

　　这并不是我大言不惭。

　　你瞧！那滚滚而来臭气冲天的粪污，都变成田间丰美的肥料了，这还不是我的力量吗？没有我的劳动，粪便的处置，人类简直是束于无策。

　　由此可见，我和人类并非绝对对立，并无永久的仇怨！

　　那对立，那仇怨，也只是我那些少数的淘气的野孩子的妄举蛮动。通过我和人类层层叠叠的经济关系，也可以了解我们这一小一大的生物间仍有合作的可能啊！

　　然而人类往往以特殊自居，不肯以平等相待。自从实验室里燃起无情之火，我做了玻璃之塔中的俘虏，我的行动被监视，我的生产被占有，从此我的统治权属于那胡子科学先生的党徒了。我这自然界中最自由的自由职业者，如今也不自由了，还有什么话可说？

细菌与人

细菌到底是什么东西呢？它住在哪里？有兄弟姐妹吗？为什么吃了某些细菌就会生病呢？在我们的身体内部，到底有多少菌众在谋生？为什么人一过了青春期，便不再茁壮成长，而是一天天地衰老下去？人的元宝似的耳朵是如何听到声音的？在患色盲症的人眼中世界又是怎样一番风景呢？……翻开这一章，你再也无须为这些问题绞尽脑汁，高士其爷爷会为你一一做出解答。

人 生 七 期

由初生到老死，这个路程，是谁都要走过的。不过，有的人不幸，在半道得了急症，或遇到意外，没有走完这条路，突然先被死神抓去了，那是例外。

在生之过程中，发育和衰老，同时进展。我们一天一天地成长，也同时一天一天地老迈。小孩子一个个都巴不得即刻变作成人，但成人一转眼就都老了，都变成老头儿了。这个由小而大，由大而老之间，其实没有界限可分。天天在长，就是天天在老。生之日益多，死之辰益近。不过看哪一种成分，显得格外分明，而把一条生命线，强分为数段，也可。大约看来，在 25 岁以前，发育的成分多；25 岁以后，则衰老的成分渐多了。

16 世纪时代，英国的大诗翁莎士比亚，有过一篇千古不朽的名诗，由婴儿起到暮年止，把人生分为七期，描写得极其生动逼真。大意是这样说的：咿咿唔唔在奶娘手上抱的是婴儿；满面红光，牵着书包儿，不愿上学去的是学童；强吻狂欢，含泪诉情，谈着恋爱的是青年；热血腾腾，意气甚强，破口就骂，胆大妄为的是壮年；衣服齐整、面容严肃，大声方步，挺着肚子的是中年；饱经忧患，形容枯槁，鼻架眼镜，声音带颤的是老年；塌了眼眶，没有了牙齿，聋了耳朵，舌头无味，记忆不清、到了尽头的是暮年。这样把人生一段一段的，分析下来，真够玩意儿呀。

但是，莎士比亚的人生七期，是看着人情世态而描写的。我们现在也要把人生分为七期，却是依照生理学上的情形而分的。这七期，不自婴儿始，而以子宫内受孕的母卵为起点。

自母卵与精虫相遇，受了精以后，立时新生命就开始了。由开始至三个月，为第一期。这一期的变化，突飞猛进，最为奇特。在这一期里，母卵不过是直径不满 1/700 英寸的一颗圆圆的单细胞，内中却早已包含着成人所必须具备的一切重要的结构了。在这期里，还有几种结构，为成人所没有的，如第三星期，有鱼鳃的裂痕出现，如第六星期，有尾巴出现。自演化论者看来，这分明显出，人是鱼的后身，兽的子孙了。由母卵一个单细胞起，一变二，二变四，四变八，不断地变，到了第三个月，人的雏形已经完成，但仍是小得很，要用显微镜才看得清楚。这一期叫作胚胎期。

第二期是胎儿期，由第三个月起至脱离母体呱呱坠地时为止，大约有六七个月吧。在这一期里，并没有添出什么花样，细胞仍是在变多，已完成的雏形渐渐长大，渐渐加重，渐渐成熟罢了。

在温暖的子宫内的胎儿，不会感到饥饿和窒息的恐慌。他所需要的食料和氧气，都从母亲的血液里支取，都是由胎盘输进脐带送给他的。

在诞生的时候，这种食料和氧气的自由供给，突然始止。于是新生的婴儿，不得不"哇"的一声大哭，打通了两道鼻孔，顿时鼓动自己的肺叶，呼吸外界的新鲜空气。又"哇"的一声大啼，张开自己的小口尽力吸收甜美的乳汁，运用自己的胃和肠来消化食物。

这种食料供给的突变，对于发育的过程，并无重大的影响。不过在初生下来头三天，婴儿的体重略有低减。这多半是因为分娩后那几天乳量不足的缘故，不久就恢复了常态。

由呱呱坠地到 2 岁乳齿长出的时候为第三期，叫作婴儿期。

接着，就是第四期，即幼童期，由 3 岁起，在女童到 13 岁止，在男童到 14 岁止。在这一期里，年年体重均有增加，每年约增 9%。这就是说，例如，体重 40 磅的儿童，每年增加 3.6 磅，体重 70 磅的儿童，每年增加 6.3 磅。假使不生疾病，不遇饥荒，这时期里体重的增加，就可以一直向上无阻了。

到了第五期，就是最宝贵的青年时期了。如春天的花一般，一朵一朵地开出来，红艳可爱。一个个女儿的性格，一个个男子的性格，很奇幻而巧妙地在这一期里长成了。一夜之间，不知不觉由娇羞的童女，一变而为多色多姿的妇人；由顽皮的童子，一变而成大声大样的男人。其间有不少不平等、参差不齐的形态与资质啦。

青年期，在女子，她的标志是：月经的来临，骨盆的长大，乳峰的突起，以及阴毛的出现，这大约在 13 周岁至 14 周岁之间就发生了。

青年期，在男子，他的记号是：面部的胡须有了几根了；下部耻骨间的黑毛也一条一条地出来；同时好像喝了什么葫芦里的药，小孩子又尖又脆的高音，忽然变成又粗又重的沉音了。

在滋养得宜的时候，这一期里，体重和身长的增加，比儿童的时期，还来得快，大约可由每年 9% 增加到每年 12%。不过，贫苦的大众，平日都没有吃饱，营养不足，又怎能达到这样高速度的发育呢？

青年期的发育是跟性的本能有关联的。割去生殖器的男童，到了青春发育的时期，就不会发生如平常男子一般的变化。从前清宫里的太监，就是这一例。这些太监，又不像男，又不像女，口音总是尖脆，颌下从来不生胡须。

美国密苏里大学，有一位解剖学教授亚冷先生，曾把某种动物的生殖器割去，那动物的发育因此迟缓了，他又将各种生殖器的组织制成溶液，注射入那动物的体内，于是那动物体内某部分的发育又激增了。

但是由这青春的发动而使发育激增这种现象并不能维持长久。大约过了两年之后，发育的速度就很快地跌下去了。满了22周岁的当儿，体重和身长都已发育完全，不再前进了。

不论怎样，到了23周岁，一切体格的生长都宣告终止。当然在20岁与30岁之间，自体力方面看去，是我们一生最强盛的时代。运动健儿能创造新纪录，夺得锦标的，都在这时期内。

过了30岁，一切的体力体劲，就江河日下了。

大概是50岁那一年吧，妇人的月经告别，她的生殖时代，就成为过去的了。

在男子，生殖的机能，虽不似妇人那样突然中断，然而一过了35岁之后，也就一天不如一天了。

男子一过了35岁，就一天一天地肥大了。团团的面孔，双重的下巴，厚厚的颈项，都显得隆肿起来了。汗毛越粗，胡子蔓延的区域越广。笨重的身体，挺着大肚皮，一步一步不慌不忙地走。有福气活到35岁以上的人，多少都有这种福相吧！

然而这些形象，却被科学家认为都是生殖机能渐弱的表示。割去生殖器的雄兽，也就渐渐异常地肥大起来了。割去生殖腺的雄鸟，毛羽也格外地粗大。生理学者起初也以为胡子汗毛的加多加粗，是男性发展完全的特征，后来由于阉割雄鸟的试验，以人比鸟，就悟到粗毛粗须，是性能力渐弱的标记，而在这时期内，男子生殖腺的作用，事实上的确是减弱了。

男子到了60岁，生殖的机能就完全终止了。世间能有几个老当益壮，66岁还要割须弃毛，再做新郎的贵人呢？

由25岁起，女的到50岁，男的到60岁，是中年期，是一生的中心，是一生最有用的时代，这是第六期。

第七期，60岁以上的人，就算老了，一轮红日慢慢西沉，终归于万籁俱寂了。至于怎样老法，下一次再谈吧。

人 身 三 流

中国的民众不知流了多少泪。

我由泪想起汗，由汗想起尿。

这是贫民窟里的三宝，却不为一般人所重视，因此我愿意替它们宣传宣传。

泪在灾民难民眼眶里狂涌，汗在车夫工人的额角背上怒奔，尿在黑暗的角落打滚。

这是三种有生命的水啊，被压迫而向体外逃亡，所以我称它们作"人身三流"。

人身所流出的水，固不只这三种，而这三种却是最肯抛头露面，而且爽直，不稍存退缩之心。

中国人的传统观念，总以为地位尊崇者，他的一切就高人一等。因此，在这人身的三流里面，泪的位置最高，也可以自称为上流了；汗的位置，上上下下，几遍于全身，只可称为中流；尿呢，那就是被人所贱视的下流了。

尿之不如汗，汗之不如泪，似乎是当然的道理。

所以古今诗人雅士，吟诗作赋，免不了说一两句伤心话，不是断肠，就是落泪，几乎非泪不足以表其多情。泪总是多情的产物罢了。于是泪就可比茶一般的清高了。

一到了汗，他们就有些讨厌这个了。然而诗人到了夏天就有苦热诗了，在苦热诗里，又似乎非汗不足以写其苦。

至于尿，这卑鄙下贱的东西，用它骂人出气还可以，绝不可以入诗文，就是俗人的谈话，也都极力避免用尿字。

其实，这不公平，不正确。

我们都被传统的观念所束缚，所蒙蔽了。

尿、汗、泪三者都是人身的外分泌，干净时，一样的干净，龌龊时，一样的龌龊。

查其来源，它们都是从血液里面逃出来的流民。

观其内容，尿最丰富，汗次之，泪最淡泊。然而都是一样的带点酸性的盐水，都含有一些"尿素"之类的有机化合物，还有别的，这里暂不提。

论其功用，尿最伟大，汗次之，泪就在可有可无之间了。

泪的故乡是在眼角和鼻骨之间的泪器。泪时时都伏于那泪器的门口观望，有时出来巡逻，洗洗眼珠，清清眼皮，偶尔堕入鼻子的深渊，无底洞，就成为一种鼻涕了。

泪在心理上颇占地位，人都认为它和悲哀的情感有关系，这是称为泪器的细胞，和大脑派出的神经有直接联络罢了。然而有时笑也会出眼泪；眼睛受了辣椒、烟雾的刺激，也会出泪；又有所谓流泪弹（催泪弹）之类的毒品，专使我们流出大量的泪。这可见泪实是眼睛的警备队、保护者了。

人本是流泪的生物。自初生到老死这一个过程中，流泪的机会多着哩。但中国人的眼泪是用得太滥了，各自为一身一家的疾痛，而流出一点一滴的泪，那泪是弱小而无聊的。

现在我们东方第一古国的悲剧，已一幕一幕地揭开了。我们要学春秋战国时代，荆轲和高渐离二侠士在燕市酒店里，那样

慷慨悲壮的流泪。我们希望拿**四万万大众**（作者出生于 1905 年，写作这篇文章的时期，中国总人口数量约为四万万）的**热泪**，来掀波翻浪洗净国耻。

然而泪终于是弱者的武器，单靠它来救亡图存，那力量是太薄弱了。

泪之后，还须继之以汗。

汗的原籍是皮肤里面的汗腺。全身的皮肤，除了外耳道、包皮、龟头之外，都有汗腺，而以手掌足底的汗腺为最多。人身皮肤汗腺的总计，大约在 200 万以上吧。

汗腺出汗的多少是没有一定的。这要看四周空气的情形，寒暖如何，干湿如何。多跑多动，也会出汗。有时人们受了突然的惊吓，也会吓出一身冷汗来，汗也被情感所支配了。据说在平时，就是穿长衫的人们，平均每 24 小时，也要出汗 2~3 升。这是因为皮肤受了衣服的包围，那里面的热气，常在 32℃左右，所以，无形之中时时都在出汗了。

不过，这汗不是水而是汽。大约要过了 33℃的"界点"，汗气才一变而为汗水。

汗水和汗气的分界，也可以说就是劳力和劳心的分界罢了。

汗水里面的宝贝，除了盐和水之外，还有尿素、尿酸、肌酸、石炭酸、蛋白素之类的杂烩。而以尿素的成分为最主要。

刚洗完蒸汽浴，或经过一番强烈的运动之后，满头满身，淋淋漓漓，都是热汗，而那些汗珠里面，尿素的成分，就顿时加了许多。

有的人听了这话，就有些不愿意，而且不大相信，以为尿素这下流东西，也配在我头上身上作威作福哇。

然而这是生理上的事实。

原来尿和汗还是亲家，尿之尿素减少，则汗之尿素加多；汗之尿素少，则尿素都跑回尿那边去了。而其来去的主权，则由大脑派有特别神经，暗中操纵。

尿的历史就复杂得多了。现代疾病的诊断，又往往非做尿的检查不可，都是想从尿水里，追寻出疾病的脏物。尿的出身，虽甚下贱，它的先前性状，又极神秘，而它却是牺牲了自己而出奔——有的说是被压迫而逃亡——调和了血液，保全了全体，大有功于人身。将来如有空闲，也拟替它作一篇正传。这里所要谈的，不过举其大概罢了。

它的大本营是肾，膀胱是它的行营。

肾是一副多管的腺，俗称腰子，又号腰花，常常被人误认为男子生殖器的睾丸。其实睾丸自是藏精之宫，而肾却是尿的制造所了。

在这每个制造所里面，约有 200 万颗小球——肾小球——无数微血管密密地分布于此。

这么多的肾小球，又都被小球囊所包围。小球囊和肾小球之间，只隔了两层薄薄的膜；一层是微血管的外皮，一层便是肾小球的外皮。

那小球囊的空间，就是尿管的起点。

尿管起初是弯来弯去，千回百转，所以叫作盘曲的小管，后来才变成直直的一条，出了肾，直通尿道，而达于膀胱了。

肾，这制尿局，其结构是如此细微而繁复，于是生理学者研究了再研究，在显微镜下，眼都看红了，还是纷纷论战，各执一说，还不能解决尿是怎样制造的这个问题。

有一派说，血一到了肾小球的微血管，因受大血管里的高血压所迫，只得透过了那两层薄膜，到了小球囊的空间，而变成尿。可是那尿是太稀了，于是当流过了盘曲的小管的时候，在途中，就有一部分又被两旁的外皮细胞所吸收了，其余的渐渐成了浓尿的本色。

又有一派也承认，尿是血所滤过的东西。不过，他们以为，在小球囊的尿，还不是完整的尿，而只是些无机盐和水，所以稀。后来，在盘曲小管的途中，又有一批尿素、阿莫尼亚之类的有机物，从两旁的外皮分泌出来，加入尿的洪流中，于是就浓了。

这两说，各有其道理，其试验根据，等他们决定了，再叙罢。现在我们只认尿是血的后身就够了。

血是最受人敬重的，我们又怎么能过于看不起尿呢？

尿时而酸性，时而淡。这是因为其间接受了食物的影响。吃肉的人，尿是酸性，吃素的人，尿近于淡。尿若变成了碱性，那是因为细菌这小贼儿的恶作剧。

尿的内容，除了守本分的无机盐和水之外，杂色的分子极多。主要的当然是尿素。其余还有尿酸、肌酸、马尿酸、草酸、硫酸盐、氧化酸、氮化酸、氮气、碳酸气、尿色素、尿胆素，各有各的来历与背景，还有有时列席有时缺席者，真是济济一堂。这些名目都是抄自一位化学家的记录。

然而有人读了，就要生疑了。那姓马的尿酸怎么也会杂在里面，人尿里难道也会有马尿吗？

本来科学名词都有些奇特，我们若认真起来，就很吃力。马尿酸，本是吃草的动物如马之类的尿中所常有的。人及吃肉的动物难得有。但人若常吃素，尿里就有了大量的马尿酸了。

反之，尿酸乃是吃肉的记号。所以尼姑、和尚之流，若开了荤偷着买肉吃，尿里面马尿酸的成分变成了尿酸，这是瞒不过实验室里的化验员的。

尿的质既是这样琳琅富丽，尿的量也很可观。成年男子在24小时之内所分泌出尿的总量，通常都有1500~1700毫升之多。当然水喝得愈多，尿也就愈多，喝了茶、咖啡之类的饮料，尿也较多。这是常人所知道的。尿实是血过剩的去路啊。

然而，有人就要问了，尿何以恶臭难闻，它不是屎之流吗？这又是传统的误会了。

尿与屎并论，是尿百世之冤恨。屎是食物的渣滓，和以胆汁，又有粪臭素、硫化氢之类的臭物，细菌成兆成亿地在那里寄生。虽居人身的腹地，并未曾受人肉的同化。

尿是血的分泌。血清尿也清，血浊尿也浊。血糖有过剩，而尿就成为糖尿了。

尿的本味，就是阿臭尼亚的本味，是一种单纯的药味，昏迷的人闻了，还可以大醒。

尿之所以恶臭，是因为离了人身之后而变成的。这不是尿之本身的罪状，而是细菌的罪状。让细菌吃饱了的东西，就是汗，就是泪，就是血，就是肉，有哪一件不臭呢？

独于尿，而最看不起，这是下流者的不幸。

中国贫民窟里下层的民众，也被人看不起了几千年了。

泪也竭了，尿也尽了，只有汗还多可以流。

多喝些革命的水罢！多喝些抗敌的酒罢！澄清民族的污浊！流出四万万人的血，使全太平洋的水变色！

色——谈色盲

有些泥古守旧的人，对于色，只认得红，其余的都模糊不清了，以为红是大喜大吉，红会升官发财，红能讨老婆生儿子，其余的色，哪一个配？

有些糊涂肉麻的人，如《红楼梦》里的贾宝玉之流，有特种爱红之癖，其余的色都被抹杀了，其余的色哪里赶得上？

然而，在今日的世界，红似乎又带有危险性了，有些人见了它就猜忌。报纸上曾载过，德国有一位青年，因用了红领带，而被处以六个星期的徒刑。

但是，我这里所要谈的，并不是这些喜红、爱红和疑红的人，而是另一种人，认不得红的人。

这一种人，对于红，一向是陌生的。

这一种人，见了红以为是绿，见了绿又以为是红。

这一种人，就叫作"色盲患者"。

色盲不是假装糊涂，而实是生理上的一种缺憾。

这些话，在色盲者听了，或者能了然；不是色盲的人听了，反而有些不信任了，说是我造谣。

因此我须从色字谈起。

色，这迷离恍惚、变幻莫测的东西，从来就有三种人最关心它。

物理学者关心它的来路、它的结构。

生理学者关心它的现实、它和人眼的反应。

心理学者关心它的去处、它对于心理上的影响。

物理学者就说：色是从光的反射而成的，光是从发光体送出来的一种波浪，这一波一浪也有长短，太长的我们看不见，太短的也看不见。

看不见的光，当然是没有色的，然而它们仍在空气中横冲直撞，我们仍有间接的法子，去发现它们的存在，如紫外光（亦称紫外线），如 X 光，如死光之类。

看得见的光，就可以分析而成为种种色了。

大概，发光体所送出的光，多不是单纯的光，内容很复杂，因而所反映出的色，也就不止一种了。

满天闪闪烁烁的群星，都是极庞大的发光体，和我们最亲热的就是太阳。

地球上一切的光，不，整个太阳系的光，都是来自太阳。

电光、灯光、烛光，乃至于小如萤火虫的光，乃至于更小如某种放光细菌的微光，也都是受了太阳之赐。

太阳的光线，穿过了三棱镜，一受了曲折，就会现出一条美丽的色系，由大红，而金黄，而黄，而蓝，而绿，而靛青，而紫。红以上，紫以外，就因光波太长太短，不得而见了。而且，这色系之间的演变，又是渐变而不是突变的，所以色与色之间的界线，就没有理想的那样干脆了。

色之所以有多种，虽是由于光波的长短不齐，然而其实也靠着人眼怎样去受用，怎样去辨识。没有人眼，色即是空，有人眼在，空即是色。这太阳的色系，是一切色的泉源，普通的人眼，

都还认不清，何况所谓色盲的人。

生理学者花了好些工夫去研究人眼，又花了好些工夫研究人眼所能见的色。他们说，人眼的构造，和照相机相似，最里层有一片薄膜，叫作"视网膜"，<u>那视网膜就好比是底片</u>。一色至一切色的知觉都在这底片上决定，其上又伏有视神经的支脉，可以直接通知大脑。

色的知觉，可分为两党：一党是无色，一党是有色。

无色之党，就是黑与白及中间的灰色。

有色之党，就是太阳色系中的各色，再加上各种混合的色，如橄榄色、褐色之类。

有色之党，又可分为两派：一派是正色，一派是杂色。

正色，就是基本的色，纯粹的色，有的说只有三种，有的说可有四种。说三种的，以为是红、黄、蓝；又有以为是红、蓝、紫。说四种的，以为是红、绿、蓝、紫；也有以为是红、黄、绿、蓝。

总之，不论怎样，有了这些正色之后，其余的色，都可以配合混制而成了。因此，其余的色，都叫作杂色，据说，世间的杂色，可有 1000 种之多哩。

太阳、火焰、血的狂流，都是热烈的殷

打比方：把视网膜比作"底片"，生动形象地表明了视网膜的特点和功用。

红。晴天的天、海洋的水，都是伟大的深蓝。大地上，不是一片青青的草、绿绿的叶，就是一片黄黄的沙、紫紫的石。这些不都是正色吗？

傍晚和黎明的霓霞、花的瓣、鸟的羽、蝴蝶的翅、金鱼的鳞，乃至于化学药品展览室里一瓶一瓶新发明的染料，这些不都是杂色吗？

有了这些动人而又迷人、醒人而又醉人、交相辉映而又争妍夺艳的种种的色，我们的眉目都生动起来、活泼起来，然而外界的引诱力是因之而强化的，于是我们有时又糊涂起来、迷惑起来了。我们的心房终于是突突不得安宁了，为的都是色。

这些话都是根据人眼的经验而谈。然而，色，迷人的色，把它扫清吧！假使这世界是无色的世界，从白天到黑夜，从黑夜到白天，尽是黑与白与灰，这世界未免太冷落寂寞了，太清寒单调了，太无情无义了。

然而，世间就有这么一类人，对于色，是不认识的。大家看得见的色，他偏看不见，或看得很模糊，或大家看是红，他偏看出绿来，大家看是蓝，他偏看是白，大家看是黄，他偏看是暗灰色。

这一类人，有的是全色盲，对于一切色，都看不见；有的是一色盲，对于某色看不见；有的是半色盲，对于色，都看得模模糊糊罢了。最可怜的，就是那全色盲，他的世界完全是黑与白与灰，是无彩色的有声电影的世界。

这些事实，人们是不大容易发觉的。在这奔波逐浪、汹涌澎湃的人海里，不知从哪一个时代、哪一位古人起，才有色盲，我们是没有法子去考据的，也许有好些读者从来没有听见过"色盲"这个名词，也许你们当中就有色盲的人，而连自己都还没有

发觉。

科学界注意这件事，是从 18 世纪末英国的化学家道尔顿起的。这位科学先生，本身就是色盲，他就是认不得红色的色盲之一员。

认不得红色是有危险的呀！后来的生理学者、心理学者，都渐渐注意了。他们说，水路、陆路的交通，都是以红色做危险的记号，轮船、火车上的司机，若是红色盲者，岂不危险吗？十字大街上的红绿灯，是指挥不动这些色盲的路人的呀。于是这个问题就为市政和交通当局所重视了。

色盲的人，虽不是普遍的现象，然而也到处都有，尤以男子为多。据说，男子每百人中，色盲者有三四人；妇女每千人中，色盲者有一人乃至十人。

不过，完全色盲的人很少很少，最常有的还是红色盲，其次的，还有绿盲、紫盲、蓝盲、黄盲，如此之类的色盲。这些色盲，都是对于某一种正色的朦胧、不认识，对于杂色，更是糊涂弄不清了。

然而，红盲的人，听了人家说红，就去揣度，有时他也自有他的间接法子，按他的自定标准，去认识红，去解释红，所以人家说红，他也不去否认。这样的，我们要侦察他的实情，是真红盲，还是假红盲，就得用红的种种混合色，杂色，请他来比较一下，他的内幕于是乎揭穿了。

医生检查色盲的种种手段，就是按照这个道理。

声——爆竹声中话耳鼓

在首都，旧历新年的爆竹声，已不如从前那样通宵达旦、迅雷急雨般地齐鸣了。

不知被甚风吹走，今年的爆竹声，虽仍是东止西起，南停北响，但须停了好一会儿，才接着响下去，无精打采地，既像疏疏的几点雨声，又像檐下的滴漏，等了许久，才滴一滴。

在这国难非常严重的年头，凡有带点强为庆贺，强为欢笑之意的声调，本来就不顺耳，索性大放鞭炮，热闹一番，倒也可以稍稍振起民气，现在只有这不痛不痒的疏疏几声，意在敷衍点缀新年而了事，听了更加不耐烦了。

不耐烦，有什么法子想呢？

色、声、香、味、触，这五种特觉，只有声，防不胜防，一时逃避不出它的势力范围，声音一发，听不听不能由你。这责任一半在于声音的性质，一半在于耳朵的构造。

声音是什么呢？

声音是一种波浪，因此又叫作"音波"。这音波在空气中游行，空气的分子受了振荡，一直向前冲，中间经了无数分散而凝集，凝集而又分散的曲折。

音波是由发音体发出来的，起先一定是发音体先受了振荡，所以两个坚实的物体，互相碰击，就可以成音。这音波是一波未平、一波又起的，而每一波的长度都不相等，有时相差很远。

大凡合于音乐的音波，我们常人的耳朵所听得到的，它的波长，长的在 12~21 米，短的波长只在 25 毫米之内。

这些音波在空气中飞行极快，平均的速率，每秒钟能行 33~36 米，但也要看所穿过的空气的寒暖程度如何。

不论怎样，这些合于音乐的音波，是有规则的、有韵节的。

不合于音乐的音波，就是乱七八糟一点没有规律、没有韵节的了，所以听了就讨厌。

在从前，新年的爆竹声，家家户户合奏像一阵一阵的交响曲，非常使人高兴。今年的爆竹声，受了当局不彻底的禁止，受了民间不景气的潮流的影响，好久、好久，忽而发出三四声，短而促，真是不痛快而讨厌。

这是声音的不协调，而叫我感到不耐烦。

耳朵的结构是怎样的呢？

在我们的头颅上，两旁两扇翅膀似的耳翼是收集音波的机器。在有的动物身上，它们还会听着大脑的指挥而活动，然而它们的价值只是加强了声音的浓度和辨别音波的来向罢了。

不谙生理学的中国人，尤其是星相家之

读懂说明方法

打比方：把耳翼比作"翅膀"，生动形象地写出了耳翼的形状和功用。

读懂说明方法

流，太看重了这两扇耳翼，以为耳的宝贵尽在这里，而且还拿它们的大小作为富贵和寿命的标准。如老子耳长 7 寸，便以为寿，刘先主目能自顾其耳，便以为贵之类的传说。

其实，若不伤及耳鼓，就是割去两扇耳翼，也还听得见，不过声音变得特别一点罢了。这两扇露在外面的耳翼，有什么了不得呢？

围着耳翼里面那一条黑暗的小弄，叫作"耳道"，耳道的终点，是一个圆膜的壁，叫作耳鼓，这耳鼓才是直接接收音波、传达音波的器官。这一片薄薄的耳鼓膜厚不及 0.1 毫米，却也分作三层：外层是一层皮肤似的东西，内层是一层黏膜，中间是一层"接连组织"。它的形状有点像一个浅浅的漏斗，而那凸起的尖端，却不在正中央，略略偏于下面。这样带一点倾斜的不相称的形状，能敏锐地感到音波的威胁而振动。音波的威胁一去，那耳鼓的振动就停止了，所以耳鼓若是完好的，那外来的声音便听得很干脆而清晰了。

紧靠在耳鼓膜的里面有三颗耳骨，一是锤骨，一是砧骨，一是镫骨。各因其形而得名。这三颗耳骨的那一面靠着另一层薄膜，叫作"耳窗"，又名前庭窗。

打比方：运用比喻修辞，准确贴切地交代了耳鼓的外形构造特点。

这些耳骨是我们人身上最轻最小的骨。它们的构造极尽天工的巧妙，只需小小一点音波打着耳鼓，就可以使它们全部振动，那音波便被送进内耳里面去了。

内耳里面是伏有听神经的支脉，叫作"耳蜗神经"。那耳蜗神经的细胞非常灵便，不论多么低微的声音，它们都能接收而传达于大脑。

现在像爆竹这般大而响的声音，我们哪里能逃避不听呢？就是掩着两扇耳翼，空气的分子既受了振荡，总能传进耳鼓里面去呀。

不过，这也有一个限制，空气是无时无刻不受着振荡的，有的振荡的速率太快或太慢，达到了我们的耳鼓上面，就不称其为声音了。

我们一般人所能听到的声音，极低微的振动频率是在每秒钟24次至30次之间，有的人，就是低至每秒钟16次的振动频率的音波也能听见；而最高的振动频率要在每秒钟4万次以内才听得见。

在这里又要看各个人耳朵的感觉如何敏锐了。聋子是不用说了。有的人虽然没有到了聋子的地步，然而对于好些尖锐的声音，如虫鸟的叫鸣就听不见。

虽然爆竹的声音，它的振动频率不太高也不太低，只要距离得不太远，是谁都能听见的哩！

现在我们国家有部分人对于敌人的侵略，好像虫声鸟声一般唧唧地在那里秘密讨论，它的振动频率太低了，使我们民众很难听得见。而汉奸及卖国者之流，又似乎放了疏疏几声的爆竹，以欢迎敌兵，闹得全世界都听见了，真是出丑，更令我们听了不耐烦。然而又有什么法子想呢？

香——谈气味

气味在人间，除了香与臭两小类之外，似乎还有第三种香臭相混的杂味罢。

植物香多臭少，动物臭多香少，矿物除了硫、硒、碲三者之外，又似乎没有什么气味了。

这些话是就鼻子的经验所得而谈。

香是鼻子所欢迎的，臭是所拒绝的，香臭不甚明了的第三种味，也就马马虎虎让它飘飘然飞过去了。

鼻子是两头通的，所以不但外界冲进来的气味瞒不过它，就是口里吞进去的，或胃里呕出来的东西，它也知道。捏着鼻子吃苦药，药就不大苦了。

然而鼻子有时塞住了，如得了伤风及鼻炎之类的疾病，那时就是尝了美酒香果，也没有平日那么可口了。

气味到底是什么东西组成的，而有这样的矜贵呢？是不是也和光波、音波一样，在空气中颤动呢？从前果然有人以为气味的游行，也是波浪似的，一波未平，一波又起。而今这种观念却被打破了。

现代的生理学者都以为，气味是从各种物体发出来的细粉。这细粉大约是属于气体罢。即发出之后，就渐散渐远，渐远渐

稀，终于稀散到乌合之乡去了。

但若在半途遇到了鼻子，就飘进了鼻房里面，在顶壁下，和嗅神经细胞接触，不论是香是臭，或香臭相混，大脑顷刻就知道了。

据说，同属一类的有机化合物，结构愈复杂，气味也愈浓。这样看来，气味这东西，似乎又是化学结构上"原子量"的一种作用了。

因此，要把世间的气味，一一分门别类起来，那问题便不如起初料想的那样简单了。

于是我想，鼻子真是一副极灵巧的器官啊，无论什么气味，多么细微，多么复杂，它都能分辨出来。

鼻子在所有特觉当中，资格算是最老了。

然而文明愈进步，鼻子就愈不灵，生物的进化程度愈高，鼻子的感觉也愈坏。

野蛮民族，如美洲红人、原始人之类，他们的鼻子，都比现代人灵得多。他们常以鼻子侦察敌人，审查毒物，而脱离了危险。

狗的鼻子是著名的敏锐了。无论地上留有多么细微的气味，它都能追寻到原主。然而它也只认得熟人的气味，才是好气味。如果是生人，就是你满身都是香，也要对你狂吠几声，因为你不是它的圈子以内的人。

昆虫的嗅觉，似乎也很灵，不然房子里一放了食物，蟑螂、蚂蚁之类的虫儿，怎么就知道出来游历考察呢？

气味的感觉，也是当局者迷，外来者清。鼻子有时会疲倦，

读懂说明方法

做引用：引用古人的话，进一步说明鼻子有时非常懈怠的情况，使内容更加丰富有趣。

它也只有几分钟的热心。所以古人说："人鲍鱼之肆，久而不闻其臭；入芝兰之室，久而不闻其香。"在生理学上看来，这句老话倒也不错。很多人总不觉着自己屋子里有臭味，一到外头去跑跑，回来就知道了。

气味有时也会倚强欺弱，一味为一味所压迫，所遮蔽，所中和。所以两味混在一起，有时我们只闻见这味，而闻不到那味，如尸体的味一经石炭酸的洗浸之后，就只有石炭酸的气味了。

因此，人们常用以香攻臭的战术来消灭一切不愿闻的气味。这种巧妙的战术，是大大地被有钱的妇女所利用了。这也是香粉、香水之类化妆品的入超原因之一吧！

肉的气味，大家都是一样，本来没有什么难闻。然而不幸有的人常常发生特种的气味，则不得不借香粉、香水之力以遮蔽了。然而又有的人竟大施其香粉政策以取媚于其腻友，或在社交上博得好声誉。然而香粉、香水之类的东西是和蜂采蜜一般，从花瓣花蕊里面采出来，榨出来的，究竟不是肉的本味，而是偷来的气味，似乎有些假。

因此我还有一首打油诗送给偷香的贵人们：

窃了花香做肉香，

花香一散肉香亡，

剩下油皮和汗汁，

还君一个臭皮囊。

据说气味这东西与心理还有些联络。所以讨厌这个人也讨厌这个人的味，欢喜另一个人也欢喜那个人的味，这是常有的事，而且还有闻着气味而动了食指或色情的君子呢。

气味这东西真是不可思议了。

在这个年头，气味有时使我们气闷，使我们掩了鼻子不是，不掩鼻子又不是。掩了鼻子又有不亲善的嫌疑，不掩鼻子又有人说你的鼻子麻木了，不中用了。

社会上有许多事是臭而又臭，绝没有一些香气，又不是第三种的杂味可以让他飘过去，真是左右难以做人啊。

味——说吃苦

越国被吴国攻破，几至于灭亡，勾践气得要命。他弃了温软的玉床锦被，而去躺在那冷冰冰的、硬生生的二三十根树枝和柴头搭成的柴床上，皱着眉头，咬着牙关，在那里千思万想怎样救亡、怎样雪耻。

想到不能开交的时候，他又伸手取下壁上所挂的那一双黑黄色的胆，放在口里尝一尝。不知道是猪胆还是牛胆，大约总有一点很难尝的苦味吧。

这种卧薪尝胆，不忘国难国耻的精神，真是千古不能磨灭。

卧薪尝胆，是要尝目前的苦味，纪念过去的耻辱，努力自救。

但，对丁苦味的意义，我们都还没有一番深切的了解吗？

为什么尝一尝胆的苦味，就会影响国家的存亡呢？

这是因为胆的苦味，触动了舌头上的神经，那神经立刻通知大脑，大脑顿时感到苦的威胁了。由小苦而联想到大苦，由小怨而联想到大怨，由一身的不快而联想到一国的大恨，由局部的受侵害而联想到全民族受震撼。胆的味虽小，但若我们民众，个个都抱着尝胆的决心，那力量是不可侮的。

大脑分派出的"感觉神经"，在舌头的肉皮下四面埋伏着。那些神经的最前线叫作"味蕾"，是侦察味之消息的前哨。这些味蕾的外层有好几个扁扁平平的普通细胞，内层则由六个或八个

有特种职务的细胞，叫作"味细胞"的所织成。味蕊不是舌头上处处都有，有的单有一个孤独的味细胞散在各处，也就能知味了。所以味蕊好比一队一队的武装警士，味细胞就好比是单身的便衣侦探了，从口里来往的客货，通通要经过它们的检查盘问哪。

运到口里的客货，大部分都是充为食品，那些食品当中，有好有坏，有美有丑，一经味蕊审查，没有不发觉的。虽然，这也不一定十分靠得住，有时，无味而有毒的物品，也可以混过去，何况有美味的食品，不一定就没有毒，又何况有毒的食品，也可以用甜美的香料来装饰。就如我们中国的敌人，一面步步尺尺侵略，一面还要口口声声亲善。倒是胆的味虽苦而无毒，反可以时时刻刻提醒我们要有雪耻精神，再接再厉地奋斗。

味的发生，是有味物品和味细胞的胞浆直接接触的结果。

然而干的物品放在干的舌头上面，是没有味的。要发生味的感觉，那物品一定要先变成流体，或受口津的浸润、溶化。这就像民众的爱国观念，须先受民族精神的训练、国际知识的灌溉。没有训练，没有知识的民众只堪做他人的奴隶、牛马，而不自觉。

味并不是物品所固有，并不是那物品的化学结构上的一种特性。

味是味细胞的特有情绪、特有感觉，受外物的压迫而发动。

蔗糖、饴糖和糖精，三种物品，在化学结构上大不相同，而它们的味却都是甜甜的。糖精的甜味，且500倍于蔗糖。

反之，淀粉是与蔗糖一类的东西，反而白白净净，一点味都没有。

味又不一定要和外来的物品接触而发生，自家的血液内容，若起了特殊的变化，也会和味发生关系。

糖尿病的人，因为血里面的糖太多，有时终日都觉得舌头是甜甜的。

黄疸病的人，因为胆汁无限制地流入血中，因此成天舌底卧面都觉得是苦苦的。

有的生理学者说，这些手续，这些枝节，都不是绝对必要的，只需用电流来刺激味的神经，也会发生味的感觉。用阳极的电来刺激，就发生酸味；用阴极的电来刺激，就发生苦味。

总之，味的感觉，是味细胞的潜伏着的特性，不去触动它，是不会发作的。

在这一点，味仿佛似一般民众的情绪。不论是国内的汉奸，或本地的劣绅，不论是哪里冲来的敌人，东洋还是西洋，谁叫我们大众吃苦头，谁就激起了大众的公愤，一律要反抗，一律要打倒。

生理学家又说：味的感觉，虽有多种，大半不相同，但基本的味，单纯的味，只有四种。哪四种？

一种是糖一般的甜，一种是醋一般的酸，一种是盐一般的咸，一种是胆一般的苦。

这四种，再加上香、臭、腥、辣、冷、热、细滑或粗糙，味的变化可就无穷了。这些附加的感觉，都不是味，而味的本身，却为其所影响，而变成混杂的感觉。

所以我们若塞着鼻子吃东西，许多杂味，都可以消除。许多杂味，都是鼻子的感觉，不是我们舌头真正的感觉呀！

孔子在齐国听到了韶乐，有三个月的光阴不知道肉是什么

味。这是乐而忘味，并不是舌头的神经麻木了。舌头的神经万一麻木，就如舆论不自由，是顶苦的苦情啊！

纯甜，纯酸，纯咸，纯苦，这四种单纯的味在舌头上各有各的势力范围、各的地盘。舌尖属甜，舌底属咸，舌的两旁属酸，舌根属苦。

生理学者就各依它们的地盘，去测验这四味的发生所需要的刺激力之最小限度。

研究的结果是，每 100 立方毫米的清水里面：

盐，只需放 0.25 克，就觉着咸；

糖，只需放 0.5 克，就觉着甜；

盐酸，只需放 0.007 克，就觉着酸；

鸡纳，只需放 0.00005 克，就觉着苦。

可见我们对于苦，有极大的感觉。我们的舌根，只需极轻微的苦味，已能发觉了。

真的，我们要知苦，还用不着尝胆哩。

触——清洁的标准

人是什么造成的呢？生理学家说：人是血、肉、骨和神经等各种细胞组织而成。

化学家说：人是碳水化合物、蛋白质、脂肪等配制而成。更简单点说，人是糖、盐、油及水的混合物。

先生、太太、娘姨、车夫、小姐、少爷、女工，不论是哪一种人，哪一流人，在科学家眼光看去，都是一样耐人寻味的活动试验品，一个个都是科学的玩具。

说到玩具，我记起昨天在一位朋友家里，看见了一个泥美人，这个美人虽是泥造的，而眉目如生，逼煞真人，也许比我所看见过的真的美人还美一分。泥美人与真美人不同的地方，一是没有生命的泥土，一是有生命的血肉。然而表面的一层皮，都是一样好看，鲜艳可爱。

记得不久之前，我到"新光"去看《桃花扇》，从戏院里飘出来了一位装束时髦的贵妇人，洋车夫争先恐后地抢上去拉生意。那贵妇人，轻竖蛾眉，装出不耐烦而讨厌的样子，呲的一声，急急地和他后面的一个西装革履的男子，跳上汽车走了。我想，那贵妇人为什么这样讨厌洋车夫呢？恐怕都是外面这一层皮的颜色和气味不同的缘故吧！里面的血肉原是一样的啊！

同是血肉，不幸而为洋车夫，整天奔跑，挣扎一点儿钱，买

几块烧饼吃还要养家，哪里有闲工夫天天洗澡，有闲钱买扑身粉，以致汗流污积，臭味远播，使一般贵妇人见而急避。

同是血肉，何幸而为贵妇人，一天玩到晚，消耗丈夫的腰包，涂脂搽粉，香闻十里，使洋车夫敢望而不敢近。

现在让我们细察皮肤的结构，看上面到底有些什么。

皮肤的外层由无数鱼鳞式的细胞所组成。这些皮肤细胞时时刻刻都在死亡。同时，皮肤的内层，有脂肪腺，时时都在出油，有汗腺，时时出汗。这些死细胞、油、汗和外界飞来的灰尘相拌，便是细菌最妙的食品。于是细菌，远近来归，都聚集于皮肤毛孔之间，大吃特吃。

这些细菌里面，最常见的为"白葡萄球菌"，占90%，每个人的皮肤上都有，这种细菌，虽寄食于人，而无害于人，但它的气味，却有一点儿寒酸。

次为"黄葡萄球菌"，占5%。这种细菌可厉害了。它不甘于老吃皮肤上的污垢，还要侵入皮肤内层，去吃淋巴，被微血管里的白血球看见了，双方一碰头，就打起仗来。于是那人的皮肤上就生出疖子，疖子里面有白色的脓液，脓液就是白血球和"黄葡萄球菌"混战的结果。

其他普通的细菌，如"大肠杆菌""变形杆菌"及"白喉类杆菌"，有时也在皮肤上出现。但是皮肤不是它们的用武之地，不过偶尔来到这里游历而已。

皮肤走了倒运，一旦遇到了凶恶狠毒的病菌，如"丹毒链球菌""麻风杆菌""淋球菌"之类，那就有极大的危险，不是寻常的事了。

我们既不能停止皮肤流汗出油，又不能避免它和外界接触。

所以唯一安全的办法，就是天天洗澡。然而天天洗，还是天天脏，细胞还须天天死，细菌还要天天来，何况在夏天，何况不能常洗之人，如洋车夫、小工人等，真是苦了一般体力劳动者了。

虽然，整天地在烈日下奔走劳作的劳动者，袒胸露臂，光着两腿，日光就是他们的保障。日光可以杀菌，他们无时不在日光浴，而且劳动不息，肌肉活泼，血液流通，皮肤坚实，抵抗力甚强。这是他们天然健康，细菌可吃其汗，而不敢吃其血，所以他们身上，汗的气味虽浓，皮肤病却不多见。

摩登妇女天天洗灌，搽了多少粉，喷了多少香，蔻丹胭脂，无所不施，然而她能拒绝细菌不时的吻抱吗？而且细菌顶喜欢白嫩而柔弱的肉皮，谓其易于进攻也。于是达官贵人的太太、小姐乃至于姨太太，等等，春天也头痛，秋天也心跳，冬天发烧，夏天发冷了。

这样看来，同是肉皮，何必争贵贱，难道这一层薄薄的皮肤，涂上一些色彩，便算得健康和清洁的标准吗？

我们再移转眼光去观察鼻孔、咽喉、口腔乃至于胃肠各部的清洁程度。

鼻孔的门户永远开放。整天整夜在那里收纳世界上的灰尘，虽经你洗了又洗，洗去了一丝丝的鼻涕，一下子，灰尘携着成千成万的细菌又回来了。在北平，大风一刮，走沙飞尘，这两个鼻孔，更像两间堆煤栈，犹幸鼻毛是天然的滤斗，把细菌灰尘都挡驾了。这些来拜访的小客人，多半都是"白喉类杆菌"及"白葡萄球菌"。有时来势凶猛挡不住，被它们冲进去到了咽喉。

咽喉是入肺的孔道，平时四面都伏有各种细菌，如"八叠

球菌""绿链球菌"及"阴性格兰氏球菌"之类。咽喉把守不紧，肺就危险了。

口腔虽开关自主，而一日三餐，说话之间，危机四伏，睡眠之时，张开大口，尤为危险。从口腔，经胃肠，至肛门，这一条大道，自婴儿呱呱坠地以来，即辟为食品商埠，更进而为细菌殖民地。细菌之扶老携幼，移民来此者摩肩接踵，形形色色，不胜枚举，其中以寄居于大肠里面的"大肠杆菌"，为最著名，足迹遍人类之大肠。

这些熙熙攘攘的细菌，为摩登妇人所看不见，洗不净，不得不施以香粉，喷以香水，以掩其臭。这是车夫工人与达官贵人的共同点。车夫之肠固无二于贵人之肠也，车夫之屎不加臭，贵人之屁不加香。

然而贵人之食过于精美又不劳动而造成胃弱肠痛之病，车夫粗食，其胃甚强。这点贵人又不如车夫了。

贵人、贵妇人等，只讲面子，讲表皮上的漂亮、香甜，而内在的坚实、纯洁却让于车夫、工人了。

细菌的衣食住行

衣食住行是人生的四件大事，一件都不能缺少。不但人类如此，就是其他生物也何曾能缺少一件？不过没有人类这样讲究罢了。

细菌是极微极小的生物，是生物中的小宝宝。这位小宝宝穿的是什么？吃的是什么？住在哪里？怎样行动？我们倒要见识一下。

好哇，请细菌出来给我们看一看哪！

不行，细菌是肉眼看不见的东西，它比我们的眼珠还小了 2 万倍呀。幸亏 260 年前荷兰有一位看门老头子叫作列文虎克的先生把它发现出来。列文虎克先生一生的嗜好就是磨镜头，在他屋子里存着好几百架自制的显微镜，他天天在镜头下观察各种微小东西的形状。有一天他研究自己的齿垢，忽然看见好些微小的生物在唾液中游来游去，好像鱼在大海中游泳一般。这些微小的生物就是我们现在所要介绍的细菌。自从发现细菌以后，经过许多科学家辛辛苦苦研究，现在我

打比方：把"微小的生物在唾液中游来游去"比作"鱼在大海中游泳"，生动地说明了唾液对微小生物来说非常浩瀚。

144

们已渐渐知道它的私生活的情况了，但是大众对于细菌不过偶尔闻名而已，很少有见面的机会，至于它的衣食住行，更莫名其妙了。

我们起初以为细菌实行裸体运动，一丝不挂，后来一经详细观察，才晓得它们个个都穿着一层薄薄的衣服，科学的名词叫作"荚膜"。这种衣服是蜡制的，要把它染成紫色或红色才看得清楚。细菌顶怕热，若将它们抹在玻璃片上，放在热气上烘，顷刻间这层蜡衣都化走，露出它们娇嫩的肤体。它们又很爱体面，当它们来到人类或动物的体内游历，或在牛奶瓶中盘桓之时，穿得格外整齐，这层蜡衣显得格外分明。细菌的种族很多，其中以"荚膜杆菌""结核杆菌""肺炎球菌"三族衣服穿得特别讲究，特别厚，特别容易为我们所认识。

细菌的吃最为奇特而复杂，我们若将它们详详细细地分析一下，也可以写成一部食经。在这里不便将它们的全部秘密泄露，只略选其大概而已。细菌是贪吃的小孩子，它们一见了可吃的东西便抢着吃，吃个不休，非吃得精光不可。但它们也有吃荤绝对不吃素的，也有吃素绝对不吃荤的，所以有动物病菌与植物病菌之分，大多数的细菌都是荤素兼吃的。有的细菌荤素都不吃而去吃空气中的氮，或无机化合物如硝酸盐、亚硝酸盐、阿摩尼亚、一氧化碳之类。此外，还有吃铁的铁菌和吃硫黄的硫菌。更有专吃死肉不吃活肉的腐菌和专吃活肉不吃死肉的病菌。麻风的病菌只吃人及猴子的肉，不肯吃别的东西，平常住在水里或土壤里的细菌，到了人或动物的身上就要饿死。然而结核杆菌及鼠疫杆菌等这些穷凶极恶的病菌就很调皮，它们在离开人体到了外界之后又能暂时吃别的东西以维持生活。在吃的方面，细菌还有一种和人类差不多的脾气，我们不可不知道的，就是太酸的不吃，太咸

读懂说明方法

的不吃，太干的不吃，太淡而无味的也不吃，大凡合人类的胃口的也就合它们的胃口。所以人类正吃得有味的东西，想不到它们也在那里不露声色（形象地写出了细菌吃东西时沉着冷静、不慌不忙的样子）地偷着吃。

细菌的住是和食连在一起的，吃到哪里就住到哪里，在哪里住就吃哪里的东西，它们吃的范围是这样广大，它们住的区域也就无止境了。而且它们在不吃的时候也可以随风飘游，它们的子孙便散布于全地球了（别的星球有没有我们还没有法子知道。从前德国有一位科学家特意坐气球上升到天空去拜访空中的细菌，他发现离地面 4000 米之高还有好些细菌在那里徘徊）。大部分的细菌都是以土壤为归宿，而以粪土中所住的细菌为最多，大约每一克重的粪土住有 115000000 个细菌。由土壤而入于水，便以水为家，到了人及动植物身上，便以人及动植物的身体为家。还有一种细菌叫作"爱热菌"，在温泉里也可以过活。

列数字、做比较：通过细菌身体长度和行进速度的对比，突出了细菌虽然身体短小但行进速度非常快的特点。

好多种细菌身上都有一根或多根活泼而轻松的鞭毛。这鞭毛鼓舞起来，它们便可在水中飞奔，伤寒杆菌能于 1 小时之内渡过 4 毫米长的路程。这一点路在细菌看来实

在远得很，因为它们的身长尚不及 2 微米，而 4 毫米却是 2 微米的 2000 倍。霍乱弧菌飞奔得更快，它们可于 1 小时之内渡过 18 厘米长的路程，比它们的身体长 9 万倍，别的生物都不能跑得这样快。然而细菌若专靠它们自己的鞭毛游动毕竟走得不远，它们是喜欢旅行，喜欢搬家的，于是不得不利用别的法子。它们看见苍蝇附在马尾还能日行千里，老鼠伏在船舱里犹能从欧洲搬到亚洲，它们何不就附在苍蝇和老鼠身上，这样不是也可以游历天下吗？于是蚊子苍蝇就成为它们的飞机，臭虫跳虱就成为它们的火车，鱼蟹蚝蛤就成为它们的轮船，它们便自由自在地到处观光。不仅如此，它们还会骑人，在这个人身上骑一下又跳到另外一个人身上骑一下。你看，在电车上，在戏院里，在一切公共的场所，这个人吐了一口痰，那个人说话口沫四溅，都是它们旅行的好机会呀。

细菌的大菜馆

希腊神话中，奥林匹斯山上一切天神都是为人而有，如爱神司爱，战神司战，谷神司食，因为人而创出许多神来。我们古老国家的一切山神、土地、灶君、城隍也都是替人掌管，为人而虚设其位。

这些渺渺茫茫之言论都含有一种自大的表现，自以为人类是天之骄子，地球上的主人翁。

自达尔文的《物种起源》出版，就给这种自大的观念迎头一个痛击。他用种种科学的事实，说明了人类的祖先是猴儿，猴儿的祖宗又是阿米巴（变形虫），一切的动物都是远亲近戚。这样一说，人类又有什么特别贵重呢？人类不过是靠一点小聪明，得到一些小遗产，走了幸运，做了生物的官，刮了地球的皮，屠杀动物，砍折植物，发掘矿物，以饱自己的肚皮，供自己的享乐，乃复造出种种邪说，自称为万物之灵。

布伦费尔先生，美国的一位先进的细菌学家，正在约翰·霍普金斯大学医院实验室里，穿着白衣，坐在黑漆圆凳子上，俯着头细看显微镜下的某种大肠杆菌，忽然听见我讲到"饱自己的肚皮"一句，不禁失声大笑，没有转过头来，接着就说，带有一半不承认我的话的口气："饱谁的肚皮呀？恐怕不仅饱人类自己的肚皮吧？你就没想到人类的肚子里还有长期的食客、短期的食客、

来来往往临时的食客呀？一个个两条腿走来走去的动物，还是细菌的游行大菜馆哪。"

我本来处于摇摇孤单的地位，硬着胆说了前面的一篇话，已预计会被听众包围问难，被他这一问，倒惊退一步。但他不等我回答，又站起来，回过身倚在实验桌旁，接着侃侃而谈：

"不仅人类的肚皮是细菌的菜馆，狮虎熊象、牛羊犬鼠、燕雁鸦雀、龟蛇鱼虾、蛤蚌蜗螺、蜂蚁蚊蝇，乃至于蚯蚓蛔虫，举凡一切有脊椎和无脊椎的动物，只需有一个可吃的肚皮或食管，都是细菌的大小菜馆、酒店。不但如是，鼻孔喉咙还是细菌的咖啡馆，皮肤毛管还是细菌的小食摊，而地球上一沟一尘，一瓢一勺，莫不是它们乘风纳凉饮冰喝茶之所。细菌虽小，所占地盘之大，子孙之多，繁殖之速，食物之繁，无微弗至，无孔不入，诚人类所不敢望其项背。所以这世界的主人翁，生物的首席，与其让人类窃称，不如推举细菌。"

他说到这里顿了一顿，我赶紧含笑插进去说："然则弱小细微的东西从今可以自豪了。你的话一点都不错。强者大者不必自鸣得意，弱者小者毋庸垂头丧气。大的生物如恐龙巨象，因为自然界供养不起，早已绝种，现在以鲸鱼为最大，而大海之中不常见。老虎居深山中，奔波终日，不得一饱，看见丛林里一只肥鹿，喜之不胜，不料又被它逃走了。蚂蚁虽小，而能分工合作，昼夜辛勤，所获食料，可供冬日之需。生物愈小，得食愈易。我不要再拖长了，现在就请布伦费尔先生给我们讲一点细菌大菜馆的情形吧。"

布伦费尔先生是研究人类肚子里的细菌的专家，他深知其中的奥妙。

于是这位穿白衣的科学先生又开口了。这一次，他提高嗓门，用庄严而略带幽默的态度说：

"我们这一所细菌大菜馆，一开前门便是切菜间，壁上有自来水，长流不息，菜刀上下，石磨两列，排成半圆形，还有一个粉红色活动的地板。后面有一条长长的甬道，直达厨房。厨房是一只大油锅，可以放缩，里面自然发散一种强烈的酸汁，一种神秘的酵汁。厨房的后面，先有小食堂，后有大食堂，曲曲弯弯，千回百转，小食堂备有咖喱似的黄汁，以及其他油哇醋哇，一应俱全。大食堂的设备，较为粗简，然而客座极多，可容无数万细菌，有后门，直通垃圾桶。

"形形色色的菌客菌主菌亲菌友，有的挺着胸膛，有的弯腰曲背，有的圆脸涂脂搽粉，有的大腹便便，有的留个辫子，有的满面胡须，或摇摇摆摆，或一步一跳，或匍匐而入，或昂然直入。

"有从前门，有从后门，从前门而入者，多留在切菜间，偷吃菜根肉余齿垢皮屑。然而常为自来水所冲洗，立脚不定。不然，若吃得过火，连墙壁、地板、刀柄都要吃，于是乎人就有口肿、舌烂、牙痛之病了。

"这一群食客里面，最常来光顾的有六大族。一为圆脸的'小球菌'，二为像葡萄的'葡萄球菌'，三为珠脸的'链球菌'，四为硬挺挺的'阳性革兰氏杆菌'，五为肥硕的'阴性革兰氏杆菌'，六为弯腰曲背的'螺旋菌'，这些怪姓，经过一次的介绍，恐你们仍记得不清啊！

"在刷牙漱口的时候，这些无赖的客人，一时惊散，但门虽设而常开，它们又不请自来了。

　　"婴儿呱呱坠地的一刹那，这所新菜馆是冷清清的，无声无息。但一见了空气，一经洗涤，<u>细菌闻到腥秽的气味，就争先恐后，一个个从后门跟跄而入</u>（通过动作描写，生动形象地写出了细菌一得到食物的信息就不顾一切、一拥而上的情景）。假如将婴儿的肛门消毒，再用一条无菌的浴巾封好，则可经 20 小时之久，一验胎粪仍杳然无菌迹。20 小时之后，纵使后门围得水泄不通，而前门大开，细菌已伏在乳汁里面混进来了。

　　"在母亲的乳汁中混进来的食客以'乳枝杆菌'一族为最多，占 99%，其中有时夹着几个'肠球菌'及'大肠杆菌'。

　　"假如母亲的乳不够吃，又不愿意雇奶妈，而去请母黄牛做奶娘，由牛奶所带来的细菌就五光十色了。最多数的不是'乳枝杆菌'而是'乳酸杆菌'了。此外还有各式各样的'大肠杆菌''肠球菌''阳性革兰氏需氧芽孢杆菌''厌氧菌'等，甚至有时混着一两个刺客，如'结核杆菌'，那就危险了，所以没有严格消毒过的牛奶，不可乱吃呀！

　　"在成年的人肚子饿的时候，油锅里没有菜煮，细菌也不来了。一吃了东西，细菌却跟着进来，厨房里就拥挤不堪。但是胃汁是很强烈的，它们未吃半饱，都已淹死了，只有几种'抗酸杆菌'及'芽孢杆菌'还可幸免。但是有胃病的人，胃汁的酸性太弱，细菌仍得以自全，并且如'八叠球菌''寄腐杆菌'等竟毫无顾忌地就在这厨房里组织新家庭，生出无数菌儿菌孙，而那病人的胃就一阵一阵地痛了。

"过了厨房，就是小食堂。那里食客还不多。然而食客到了食堂就流连不忍去，于是有好些都由短期变成长期食客了。这些长期食客中以大肠杆菌为最主要，它的足迹遍布天下菜馆，不论是有色人种也好，无色人种也好，它都认得，每个人的肠内都有它在吃。"

说到这里，白衣科学先生用他尖长的右手的食指，指着桌上那一架显微镜说："我在这显微镜上看的就是这一种'大肠杆菌'，其余的食客恕我不一一详举。

"它们一到了大食堂，就大热闹起来，摇头摆尾，挤眉弄眼，拍手踏足，摩肩攘臂，济济一堂，尽是细菌亲友、细菌本家。有时它们意见不合，争吵起来，扭作一团，全场大乱（通过场面描写，形象地写出了数量众多的细菌姿态、习惯等各不相同的情形），人便觉得肚子里有一股气，放不出来。

"快到后门了，菜渣和细菌及咖喱似的黄汁相拌，一变而为屎。一斤屎有四五两细菌哩，然而大部分都是吃得太饱胀死了。

"以上所述，都是安分守己的细菌，还有一群专门捣墙毁壁的病菌，那我们不称它们作'食客'，简直叫它们作'刺客暗杀党'了。这就再请别的专家来讲吧。"

读书笔记跟我学

好词积累

自鸣得意　垂头丧气　无孔不入　望其项背　无微弗至

（摘录理由：细菌在自然界所处地位。）

优美句段

1.不但如是，鼻孔喉咙还是细菌的咖啡馆，皮肤毛管还是细菌的小食摊，而地球上一沟一尘，一瓢一勺，莫不是它们乘风纳凉饮冰喝茶之所。

（摘录理由：将细菌的存在地比喻成生活的场景来表现细菌是无处不在的。）

2.过了厨房，就是小食堂。那里食客还不多。然而食客到了食堂就流连不忍去，于是有好些都由短期变成长期食客了。这些长期食客中以大肠杆菌为最主要，它的足迹遍布天下菜馆，不论是有色人种也好，无色人种也好，它都认得，每个人的肠内都有它在吃。

（摘录理由：用拟人的修辞手法生动地描述了细菌进入人肠道里的状态。）

阅读感悟

将人类的肚子比作"细菌的大菜馆"，通过生活中常见的场景生动有趣地描述了细菌在人体内的状态，增加了文章的趣味性。

细菌的形态

有了一架可以放大至 1000 倍左右的显微镜，看细菌是便当的事了。只需将那有菌的东西，挑下一点点涂于玻璃薄片上，和以一滴清水，放在镜台上，把镜筒上下旋转，把眼睛搁在接目镜上一看，镜中自然隐约浮出细菌的原形来。

但是，这样看法，就好像半夜醒来，睡眠迷离中，望见天空烁烁灼灼，忽明忽暗的星河星云，看得太模糊恍惚了。

自柯赫先生引用了染色法以来，于是细菌也施紫涂朱，抹黄穿蓝，盛装艳服起来，显得格外分明鲜秀。

后来的细菌学家相继改良修进，革兰先生发明了阴阳染色法，齐尔、尼尔森两先生发明了抗酸染色法，于是细菌经过洗染之后，不仅轮廓明显，内容清晰，而且可做种种的分类了。

就其轮廓而看，细菌大约可分为六大类：一为像菊花似的"放线菌"，二为像游丝似的"丝菌"，三为断干折枝似的"枝菌"（即分枝杆菌），四为小皮球似的"球菌"，五为小棒子似的"杆菌"，六为弯腰曲背的"弧菌"，那第六类，有的多弯了几弯，像小小螺丝钉，又叫作"螺旋菌"。

这些细菌很少孤身漂泊，都爱成双结对、集队合群地到处游行。球菌中，有的结成葡萄般的一把一把数十百个在一起，名为"葡萄球菌"；有的连成珠儿般的一串一串，有短有长，名为"链球

菌"；有的拼成豆、栗子、花生般的一对一对，名为"双球菌"；有的整整四个做成一处，名为"四联球菌"；有的八个叠成立方体，名为"八叠球菌"。

杆菌中，有的竹竿似的一节一节；有的马铃薯般的有胖胖的身躯；有的大腹便便，身怀芽孢；有的芽孢在头上，身像鼓槌；有的两端肿胀，身似豆荚；有的身披一层荚膜；有的全身都是毛；有的头上留有辫子；有的既有辫子，又有尾巴。长长短短，有大有小。

细菌都有点阴阳怪气，有的阴盛，有的阳多，有的喜酸性，有的喜碱性。若用革兰先生的染料一染，点了碘酒之后，再用火酒来洗，有的就洗去了颜色，有的颜色洗不去了。洗去的就叫作"阴性革兰氏球菌"及"阴性革兰氏杆菌"；洗不去的就叫作"阳性革兰氏球菌"及"阳性革兰氏杆菌"哩。这阴阳两大类的球菌和杆菌，所以别者，皆因其化学结构及物理性质有所不同，换言之，即它们生理上的作用是不一样的呀。

有一类分枝杆菌，如著名的结核杆菌，满身都是油，很不容易染色，后来齐先生和尼先生，把它放火上烘，烘得油都化走了，于是一经染色，就是放在酸汁中浸，也洗不

读懂说明方法

举例子、分类别：把各类球菌的形态特点一一列举出来，全面形象地写出了细菌成群结队的各种不同的样子。

退，这就是抗酸染色，这一类杆菌，又被称为抗酸杆菌了。

染色之道益精，菌身的内容益彰。细菌身上或有芽孢，或有荚膜，或有鞭毛，前文已经隐隐提出，芽孢所以传种，荚膜所以自卫，鞭毛所以游动。

除此之外，孢中并非空无一物，有的说还有孢核，有的说还有色粒，连细菌学家，都还没有一律的主见，我们俗人，不管这个。

细菌的祖宗——生物的三元论

　　中国人最尊重的就是祖宗，所以现在我要谈起细菌的祖宗，一定很合你们的胃口，你们听了总不会十分讨厌吧。

　　不过，我们中国人从来是重男轻女的，所谓祖宗都是指父党而言，和母亲娘家的人是毫无关系的。每逢年节，祭祖扫墓的事不都是纪念父系这边的人吗？

　　细菌这生物，不分男女，不别雌雄，就是有，也都一律平等，没有什么轻重，所以科学家不论是在显微镜下观察，或者是在玻璃器里试验，不知费了多少精神，几许工夫，总不能辨出它们哪个是公、哪个是婆，哪个是夫、哪个是妇。

　　细菌的祖宗究竟是谁呢？

　　古今中外的帝王都有年谱，世家也有列传。细菌族里可惜没有族谱，而且从来没有人替它们立传，所以菌族先世的性状并没有记载可寻。

　　于是生物学者就纷纷议论起来了。

　　人类和细菌初次会面还不过是260多年前的事。中国人虽常吃香蕈蘑菇，然而这些都是大菌，和细菌无干。

　　有人说，香蕈蘑菇之类的大菌便是细菌的祖宗。提出这个意见的人以为小的生物都是从大的生物而来，例如蚂蚁、蜜蜂、蝴蝶、苍蝇以及其他一切昆虫的祖宗，就是古生物时代号称为大海霸王的"三叶虫"。在当时，三叶虫的躯体庞大无比，横行（准确形象地写出了三叶虫毫无顾忌地乱冲乱撞、蛮不讲理的样子，也说明了块头大对三叶虫来说是个很大的优势）水中，水中小鱼小兽见了它都很羡慕，谁想到它后代的子孙，都是那么小小的。

又如龟、蛇、鳄鱼这一类的动物，它们的祖宗也曾在大陆上横行过一时，那时代就叫作爬虫时代，那些爬虫，如恐龙怪蟒之类，都是顶大顶可怕的。

就是我们人类的祖宗，原始人的躯体听说也比现代人大了好些。

这些不都是生物从大而小的证据吗？

然而有些微生物学者听了这话又大不以为然了。据他们说，单细胞生物是多细胞生物的祖宗，而单细胞生物却比多细胞生物小。这样一说，生物的演变，又是由小而大了。

据说最近几十年内，微生物学者又发现了好几种有生命的小东西，小到连在显微镜下都看不见，因而被称作"超显微镜的生物"。那么，这些超显微镜的生物，是不是细菌的祖宗？而细菌又是不是其他一切生物的祖宗呢？

但是"超显微镜的生物"，也和细菌一样，也和香蕈蘑菇一样，都不能独立自主地生活，都须寄生于其他生物的身上。这样一说，就都没有做祖宗的资格了，因为没有主人不会有客人，没有其他生物之前哪里会有寄生物呢？

这岂不是像细菌这一类的东西，只配做人家的儿孙，不配做人家的祖宗吗？

生物学者向来强把生物分作两大界：一界是植物，一界是动物。

我以为既分作两界，不如分作三界。另添的一界是菌物，就是指香蕈蘑菇和细菌这一类的东西。

分作两界最大的理由，是植物体内有"叶绿素"，靠着这叶绿素的力量，它会利用阳光，将水及二氧化碳综合起来变成糖类。动物却没有这个本事，这是动植物两界基本不同的地方。

其次，就是动物能够行动自由，不受土地的束缚，而植物则非连根带泥拔出来，就动不得，偶尔身上长有鞭毛或纤毛，然而也只能使局部略略飘动罢了，并不是全身的迁移。

再其次就是动物须到处寻找食物，所以具有敏锐的感觉神经，而植物无须仔细去辨别食物，所以并没有像动物那样敏锐的感觉。

又其次就是这两界生物的形态大不相同。动物的身体都是缩作一团，上面有一条孔道可通食物，又具有消化器。植物所吃的东西都是气体和液体，这些东西四处都有，又无须经过消化的手续，所以它们的"枝""干""叶""根"都是四面张开。

现在大个子的菌物，如香蕈蘑菇之类，都是附着在树干上而生，它们的外貌和植物没有两样，所以生物学者都把它们认作植物。可是它们的内容并没有一点叶绿素，没有叶绿素又怎样配称作植物呢？

至于细菌这一类小小的东西，固然有的也在土中生长，有的也随着空气而飘荡，有的也在水中奔波逐流，有的竟漂泊到动植物身上去，它们身上的鞭毛又很活泼，在液体中游动起来，真比做比较：把细菌游速与汽船潜艇对比，将细菌游动的速度之快形象地表现了出来，说明鞭毛对于细菌游动的作用非常大。

汽船潜艇还快，就是你们人类的肚子里也有它们的踪迹，这些都充分地表示它们是可以自由行动的，并不受土壤的节制。况且它们身上也没有一丝一毫的叶绿素，这样看来应当把它们归于动物一界了。

然而生物学者犹豫了半世纪之久，后来到底因为它们的生活状态极似大菌，终于列它们于植物之界了。

细菌族里还有一位螺旋菌大哥，它的形状弯弯曲曲，很像螺丝钉，因为它身上没有鞭毛，靠着它自身一弯一曲的力量，而能飞快地游动，因此有时生物学者又把它拉入动物之界了。

这似乎有点不公平。这是生物学传统的观念，以为生物只能有两界，不是植物，便是动物，只看形式，不顾实际。

植物固然有叶绿素，能自制糖，这糖便是植物自身的食料。但它却是造得太多了，而有过剩，这些过剩的食料便送给动物吃了。

动物因为有消化器，所以能把这些植物过剩的食料分解了而又重新综合起来，变成自身组织的结构。若植物只管制造食料，动物只管吞吃食料，而没有第三者出来代自然界收回这些原料，以供植物的再取再用，

那生物界就有绝食之虞了。

这第三者的工作，就是菌物界的各分子来担任了。

香蕈蘑菇的工作，就是去分解树皮、树干、树枝、树叶这一类坚硬的东西，使它们软化，然后昆虫吃了才能消化。

细菌的工作，就是去分解动物的尸身，把它们变成各种无机物，以供植物直接从土中吸收。

由此可见，生物的循环是有三大段的，第一段是植物的工作，第二段是动物的工作，第三段便是菌物的工作了。

生物既分作三界了，菌族的地位，也就名正言顺、落落大方，不必依傍他物了，于是菌族的祖宗也就有些眉目可寻了。

这些眉目在哪里呢？

我们现在请达尔文先生出来做见证吧。在达尔文先生的《物种起源》里，一切生物的进化程序可以说都是由简单而复杂。

这样一说，单细胞生物无疑是多细胞生物的祖宗了。

"阿米巴"是最简单的单细胞动物，于是阿米巴就做了动物界的祖宗了。青苔是最简单的单细胞植物，于是青苔就做了植物界的祖宗了。细菌是最简单的单细胞菌物，于是细菌也就做了菌物界的祖宗了。

这三界一样重要，缺一不可，这是生物的三元论。

清水和浊水

做引用：引用
伍秩庸先生论饮水
的这些话，有力地
证明了水对人体的
重要性。

伍秩庸先生论饮水说："人身自呼吸空气而外，第一要紧是饮水。饮比食更为重要，有了水饮，虽整天饿，也可以苟延生命。人体里面，水占七成。不但血液是水，脑浆78%也都是水，骨里面也有水。人身所出的水也很多，口涎、便溺、汗、鼻涕、眼泪等都是。皮肤毛管，时时出气，气就是水。用脑的时候，脑气运动，也是出水。统计人身所出的水，每天75两。若不饮水，腹中的食物渣滓填积，多则成毒，果能时时饮水，可以澄清肠脏腑的积污，可以调匀血液使之流通畅达，一无疾病。"这一篇话，自然是根据生理学而谈的。由此可见，水的问题对于人身更密切了。

然而，一杯水可以活人，一杯水也可以杀人。水可以解毒，也可以致病。于是水可以分为清水和浊水两种，清水固不易多得，浊水更不可不预防。

　　18 世纪中，英国大化学家卡文迪许在试验氢与氧的合并时，得到了纯净的水。后来，法国大化学家拉瓦锡证实了这个实验，于是我们知道水是氢和氧的化合物。这种用化学法来综合而成的水，当然是极纯净极清洁的了，然而这种水实在不可多得，只好用它做清水的标准罢了。

　　一切自然界的水，多少总含有一些外物，外物愈多则水愈浊，外物愈少则水愈清。这些外物里面，不但有矿物，如普通盐、镁、钙、铁等的化合物之类，还有有机物。有机物里面，不但有腐烂的动植物，还有活的微生物。微生物里面，不但有普通的水族细菌，如光菌、色菌之类，还有那些专门害人的病菌，如霍乱弧菌、伤寒杆菌、痢疾杆菌之类。

　　自然界的水的来源，可分为地面和地心两种。地面的水有雨水、雪水、雹、冰、浅井、山泽、江河、湖沼、海洋等，地心的水就是深井的泉水。

　　雨水应当是很干净的了，然而当雨水下降的时候，空气中的灰尘愈多，所带下来的细菌也愈多。据巴黎门特苏里气象台的

读懂说明方法

做比较、列数字：通过把巴黎市中和野外空旷之地雨水中所含的细菌数量进行对比，有力地说明了市中空气中所含细菌非常多的情形。

报告，巴黎市中的空气，每 1 立方米含有 6040 个细菌，巴黎市中的雨水，每 1 升含有 19000 个细菌。在野外空旷之地，每 1 升的雨水不过有一二十个细菌。

雪水比雨水浊，这大约是因为雪块比雨点大，所冲下的灰尘和细菌也较多吧。然而巴斯德曾爬上阿尔卑斯山的最高峰去寻细菌，那儿的空气极清，终年积雪，雪里面几乎是完全无菌的了。

雹比雨更浊。1901 年的 7 月，意大利拍杜亚地区下了一阵大雹，据白里氏检查的结果，每 1 升雹水至少有 140000 个细菌。这或是因为那时空气动荡得很厉害，地上的灰尘被吹到云霄里去，雹是在那里结成的，所以又把灰尘包在一起，带回地上了。

冰的清浊，要看是哪一种水结成的。除了冰山冰河以外，冰都是不大干净的呀，因为在冰点的低温度，大多数的细菌都能保持它们的生命啊！

浅井的水，假如井保护得法，或上设抽水机，细菌还不至于太多。若井口没有盖，一任灰尘飞入，那就很污浊了。

山涧的水，不使粪污流入，较为清净，所含的微生物多是土壤细菌，于人无害，但经一阵大雨之后，细菌的数目立刻增加了好

几倍。

江河的水最是污浊，那里面不但有很多水族细菌和土壤细菌，而且还有很多的粪污细菌，这些粪污细菌都有传染疾病的危险哪。粪污何以曾流入江河里面呢？这都是因为无卫生管理，无卫生教育，<u>于是一般无训练的民众都认为江河是公开的垃圾桶</u>（把江河比作"垃圾桶"，生动形象地写出了江河水藏污纳垢、细菌繁多的特点），在这一个大错之下，不知枉送了多少生命啊！

湖沼的水比江河为净。水一到了湖就不流了，因为不流，那儿无数的细菌都自生自灭，所以我们说湖水有自动洗净的能力，而以湖心的水比傍岸的水尤为清净少菌。

海水比淡水为净。离陆地愈远愈净。1892年，英国细菌学家罗素在那不勒斯海湾测验的结果，在近岸的海水中，每1立方厘米有7万个细菌，离岸4000米以外，每1立方厘米的海水只有57个细菌了。在大海之中，细菌的分布很平均，海底和海面的细菌几乎是一样多的。

由地心涌出的泉水和人工所开掘的深井的水是自然界最清净的水。据文斯洛的报告，波士顿的15个自流井，平均每1立方厘米只有18个细菌。水清则轻，水浊则重。清高宗曾品过通国之水，以质之轻重，分水之上下，乃定北平海淀镇西之玉泉为第一。玉泉的水里有没有细菌，我们没有试验过，就是有，一定也是很少很少的了。

水的清浊有点像人，纯洁的水是化学的理想，纯洁的人是伦理学的理想，不见世面，其心犹清，一旦为社会灰尘所熏染，则难免污浊了。

清水固然可爱，然而有时含有病菌，外面看去清澈无比，里面却包藏祸心，这样的水是假清水，这样的人是假君子，其害人而人不知，反不如真浊水真小人之易显而人知预防。而且浊水，去其细菌，留其矿质，所谓硬性的水，饮了，反有补于人身哩。

化学工作上，常常需要没有外物的清水，于是就有蒸馏水的发明。一方将浊水煮开，任其蒸发，一方复将蒸汽收留而凝结成清水，这种改造的水是很清净无外物的了。医学上用水，不许有一粒细菌芽孢的存在，于是就有无菌水的发明。这无菌水就是将装好的蒸馏水放在杀菌器里消毒，将水内的细菌一概杀灭。这样人工双重改做出的水，就是我们今日最纯净的清水了。

浊水还可以改造为清水，人呢？

地球的繁荣
与土壤的劳动者

吾乡福州，环山抱海，在人迹未到之前，原是闽江北岸鼓山脚下一片荒地，几块乱石而已。后来，由苗民部落，而田舍，小村，小镇，而县城，而府治，而今日福建的省会，其间也曾做过好几年帝王的宫城，至今城内犹留下三座秀丽的小山——于山、乌石山及屏山，当苗民初来时，荆棘野草满目，不堪行人。后经他们一步一步地踏成羊肠小径，渐渐化为泥路。汉族移民到此，把它砌成石子路，又改造为石板路。吾家在于山之麓，我幼时，到明伦小学去读书，天天从家里出来，要转好几个弯，这些石板路，是走得极其纯熟的了。谁知15年之后，回到故乡，已街道改观，不识旧人，三坊七巷之间，都是宽大平坦的马路了。

由羊肠小径变成平坦大道，由荒野乱石变成热闹的都市，这个浩大的工程，是谁的功，谁的力，谁的汗滴成的呢？

埃及的金字塔，中国的万里长城，欧洲各处的大教堂、皇宫，纽约的摩天大厦，地球上一切伟大的建筑物，君王只需一道命令，阔佬只需一张支票，工程师不过绞了一点脑汁，是谁在那里天天流汗、呼喊、挣扎而造成的呢？这些建筑物，千古长存，任人凭吊，而流汗的大众却早已被后人所遗忘了。

太阳是群星的一颗，地球又是太阳的一粒碎片，福州只是地球上的一抔黄土，几根青苔而已，那些大的建筑物，在地图上，却不过是一点一圈一横一直罢了。

地球是我们人类的家乡。地球的年龄，据地质学家的估计，大约是 46 亿年。当它初从太阳怀里落下来的时候，是一团火焰，溶化着各种元素。后来慢慢地冷下来了，凝结成了一块橘子形的大石头，直径不及 8000 英里，地心犹是火焰，地面是热腾腾的蒸汽。后来地面起了皱纹，凹凸不平，凹处蒸汽冷了，变成海洋，凸处成为高山。高山的岩石，被风霜冰雹打成碎片散沙，为大雨所冲洗而下，随江河的急流而入于海。这些散沙，在海底浸润了几千万年之久，变成烂泥，等到了环境和气候都适合于生物生存的时候，于是小小的生物，如阿米巴、海藻之类，斯斯文文，不慌不忙地，从烂泥中，一个个跳出来，和太阳行见面礼。这时候的地球是阿米巴和海藻的世界了。

又过了几千万年之后，三叶虫出世，夺了阿米巴的宝座，自称为大海霸王，如今一切的昆虫，都是它后代的儿孙。

再过了几千万年，大鱼小鱼都出世了，还有一跳一跳的癞蛤蟆也跟着后面来了。有一天癞蛤蟆露出头来在水面观光，发现了陆地，大喜，哇的一声，一跃而上，觉得这里倒很清净，从那天起，时时带它的老婆儿女，出没于水陆之间，号称两栖。这时候陆地上也有了一层烂泥了。

由于蛤蟆的领导，大海里的动物，都要爬到陆地上去觅食，但是它们水里游泳已惯，一旦爬上岸，只得匍匐蹒跚而行，后来觉得陆地上有趣，都不肯回到水中，于是就有爬虫类的出现。这些洪荒时代的爬虫，都是奇形怪状，庞大无比的。它们无时不在追捕弱小的动物，以充饥肠。弱小的动物，被它们迫得无处逃

生，经过几百万年的奋斗，果然有一天，前身两臂渐渐化成翅膀，奋力一伸，飞上天空，于是天空就有了飞鸟了。

地面上的气候一天比一天冷了。赤身光体的爬虫，抵不住寒风的侵袭，为应付新环境，自然界就产生了哺乳类动物。哺乳类全身都有很厚很长的毛，可以御寒。它们又感到卵生之不便，把孵育的工作收回子宫里面，等到胎儿的雏形完成之后，才离开了母体。胎儿出生之后，又把它放在安全的地方，喂以母乳，教之觅食，直到长成能自主觅食为止。这时候陆地上已有了森林了。

哺乳类动物以猿猴为最聪明。它利用了两手攀登树木，剖吃果实，渐渐有了起立步行之势。

大脑渐渐地发达了，有了记忆力，就发生了情感作用；有了想象力，就发生了理智作用。结合情感与理智，便有了创作发明的力量，于是原始人竟和猴子有些不同了。他看见地上有许多石子和火石，就拣几个起来制成种种石器，或粗或细，可以猎食，可以防身。由原始人到现在，据说已有 50 万年的光阴了。至少，在第四次冰河退走之后，第一个和现代人一样身材容貌之真人出现的时候，距今也有 25000 年了。

石器时代过去了。人类这一分支繁殖起来，征服了动植物，居然做了地球上唯我独尊的主人翁了。由狩猎的生活而进为渔牧的生活，而进为耕种的生活，而进为工厂机械商人大腹贾的生活了。由野人一变而为酋长，由酋长一变而为国王皇帝，由国王皇帝一变而为资本家，资本家一亡，便为劳动者的世界了。由于怕鬼怕天怕黑暗而入于神学的思想，神学不足信，乃代以玄学，玄学不足信，乃代以科学发达起来，于是火车、汽车、轮船、飞机、无线电、120 层摩天楼、电梯，一上一下，飞来飞去，时东时西，忙个不停，流线型的生活，穷极物质之奢，把地球的面皮抓得怪痒难受的。假使原始人复活起来，走到南京路上，一定目瞪口呆，东张西望，不知怎样是好，手里所存的一块石头子也忘其所用了。现代人果然厉害！

然而，追本还原，生物的原始，是从烂泥中出来的，地面上一切生物的繁荣，也都靠着烂泥里面食料的供给，源源不绝。人类一切的进步，科学一切的发明，也都要归功于烂泥。烂泥是一切生命创作的源泉啊。

烂泥就是土壤。土壤的结构，是矿物的粉粒与有机物的碎片相拌，再和以水或空气。有机物是由动植物的尸身分解而来。动植物的死亡相继不已，则有机物的供给无穷。然而矿物的粉粒有时不足。徒有有机物而无矿物，则是垃圾堆，不是土壤。徒有矿物而无有机物，则是沙滩，也不是土壤。

所以，要使土壤里面的食料不至于完尽，以维持地球的生活，一定要时时补充，时时变换。这变换和补充的职务，谁能担任呢？谁是土壤的劳动者呢？

是蚂蚁吗？是蚯蚓吗？蚂蚁、蚯蚓，在土壤里，钻来钻去，忙的是自己的吃饭和居住的问题，不过它们奔走的结果，确有松解土壤之功，使空气得以流通，然而对于变换和补充土壤的工作，它们是丝毫没有能力的啊。

是人类的锄头吗？是农人所施种的肥料吗？

锄头也不过是松解土壤，肥料只是增加土壤里有机物的容量而已。

土壤的劳动者，就是我们肉眼看不见的小宝宝，叫作细菌啊。土壤细菌的生生世世，唯一工作，唯一的使命，就是变换土

壤的性质，补充土壤的原料。这等工作，除了土壤细菌而外，断非其他生物所能胜任。

大多数的土壤细菌，都盘踞在离地面2~9英寸深的土壤里面。入土愈深则细菌愈少，在含湿气多的土壤，两三英尺深以下，就几乎完全没有细菌了。在经人灌溉过的松软的土壤里面，到了9英尺深，还有细菌。每克的土壤，含有300万至2亿个细菌。有这样多的细菌在那里工作，无怪乎土壤常常都是又肥又新鲜。

自阿米巴以至于人类，自青苔绿藻以至于大树上的残花枯叶，地球上一切的生物，不死则已，死了都要归入土中。细菌见了，就围着吃，慢慢地把它们身上的复杂的蛋白质，或纤维素，一点一点地都分解下来。有的变成碳酸气，送入空气中。有的变成阿莫尼亚，又氧化成为硝酸盐，这硝酸盐就是植物的最重要的一种食料，植物的根可以从土中自由吸收。硝酸盐是土壤的宝藏，它的供给所以能源源而来者，就是靠着土壤细菌昼夜不息的工作哩。土壤细菌实是地球上最重要的劳动者，土壤的变换与补充，实是地球上最浩大的工程。

然而，在这资本主义还没有完全消灭的时代，劳动者还是被人看不起，小小的土壤细菌能引起人类的注意吗?

细菌学的第一课

《读书生活》的编者要我写一篇生活记录。我想一想，我过去的生活，自己以为最值得写出来的，还是在美国芝加哥大学研究细菌学的那几年。但是若都把它记录出来，要成一部书，所以我只拣出第一天上细菌学的第一课时的情景，一一追述，比较浅显而易见，使读者好像也站在课堂和实验室的门口，或踮着脚尖儿站在玻璃窗前面，望望里面，看看有什么好看，听听讲些什么，也不至于白费这一刻读书工夫罢了。关于细菌学，我已在《读书生活》第二卷第二期，写过一篇《细菌的衣食住行》。此后仍要陆续用浅显有趣的文字，将这一门神秘奥妙的科学化装起来，不，裸体起来，使它变成不是专家的奇货，而是大众读者的点心兼补品了。细菌学的常识的确是有益于卫生的补品，不过要装潢美雅，价钱便宜，而又携带轻便，大众才能吃，才肯吃，才高兴吃，不然不是买不起，就是吃了要头痛胃痛啊！

立克馆在芝加哥大学，是美国最老的细菌学府，是人类和恶菌斗争的一个总参谋机关。

1926 年的夏天，那天我正在立克馆第七号教室上细菌学的第一课，同班只有两个美国哥儿、两个美国小姐、一个卷发厚唇的美洲黑人，连我共六人。大家都怀着新奇的希望，怀着电影观众紧张的心理，心里痒痒地等候着铃声。铃声初罢，一位戴白金丝

眼镜的人，穿着白色医生制服，踏着大学教授的步子进来了，手里还抱着一大包棉花。

"细菌学是一个新生的科学婴孩呀……260年以前有一位列文虎克先生，他是荷兰人哪，顶会造显微镜，他造的显微镜比别人的都好哇……巴斯德先生看见一个法国小孩子被疯狗咬了，心里很难过……柯赫先生发现了结核杆菌，德国的民众都欢天喜地，全欧洲都庆贺他，全世界都感激他……现在日本有一位野口博士亲自到非洲去，得了黄热病，就拿自己的血来试验……我们立克馆的馆长——左当博士也是一个细菌学的巨头，没有他和他的同事的努力，巴拿马运河是建不成功的呀；没有他，芝加哥的水仍是会吃人的呀……"他娓娓动人地说了一大篇。

"现在我要教你们做棉花塞。"他一边解开棉花一边换一个音调继续说，"棉花塞虽是小技，用途很大，我们所以能寻出种种病原菌，它的功劳就不小，初学细菌学的人第一件要先学做棉花塞。原来棉花有两种：一种好比海绵，见了水就淋淋漓漓地湿作一团；一种好比油布，沾一点水不至全湿。我们要用第二种。拿一些这种不透水的棉花，捏作一丸，塞进玻璃试管便可划分成了内外两个世界，七分塞进里面，不松不紧，外界的细菌不得进去，内界的细菌不得出来。若把内界的细菌用热杀尽，内存的食品就永远不臭不坏。"说到这里他将棉花分给我们六个人各自练习。此时窗外热气腾腾，窗内热汗淋淋，我一面试做棉花塞，一面品味白衣教授的话。

我们每人都塞满了一篮的玻璃试管了。接着，他就吩咐我们每人都去领一架显微镜，再到第十四号实验室里会齐。

我刚从仪器储藏室的小柜台口领到一件沉重的暗黄色木箱

子，一手提嫌太重，两手提嫌太笨，后来还是两手分工轮流着提。我回到了立克馆，出了一身汗，进了第十四号实验室，看到同班人都穿了白色制服，坐在那长长的黑漆的实验桌前面，有的头在俯着看，有的手在不停地擦拭，每一位的桌上都装有一个电灯和一个自来水龙头。我也穿了白衣，打开我的木箱子，取出一件黑色古董，恭恭敬敬地把它放在桌上。

这时候进来了一个矮胖子，神气不似教授，模样不似学生，他也穿着白色制服，手里捧着一个铁丝篮，篮里装满了有棉花塞的玻璃试管，跟在他的后面的就是那位白衣教授。

我也不顾他们了，醉心地摆弄我的黑色古董。那黑色古董，远看有点像高射炮，近看以为是新式西洋镜。上面有一个圆形的抽筒可以升降；中间有一个方形的镜台可以前后摇摆左右转动；下面是一个铁蹄似的座脚，全身上下大大小小共有六七个镜头；看起来比西洋镜有趣多了（从远、近、上、中、下各个角度详细描写了显微镜的样子，使显微镜的真实样貌准确而生动地呈现在人们面前）。忽然从我的左肩背后伸过来一双毛手，两指间夹着一只有棉花塞的试管，盛着半管的黄汗。

"请你抽出一点涂在玻璃片上，放在镜台上看吧。"这是白衣教授的声音，于是我就照着他所指导的法子，一步一步地去做。

"这是像一串一串的黑珠哇。"我用左眼，又用了右眼，一边看一边说。

"我看的这一种像葡萄哇。"一位鹰鼻子美国哥儿的声音。

"我所看的像钓鱼的竹竿。"黑人说。

"这有点像马铃薯哇。"那位金黄头发的小姐说。

"我的上帝呀！这像什么呢？"我隔壁那位戴眼镜的美国哥儿忽然立起来对我说："高先生，请你看看，这一种细菌东歪西斜，不是很像中国字吗？"

"这倒像你们西洋人偶尔学写中国字所写的样子哩，我们中国字是方方正正的，没有那么歪歪斜斜呀。"我看了一看就笑着说。

还有一位美国小姐没有作声，忽然"啪嚓"一声，她的玻璃片碎了。于是白衣教授就走近她的位子郑重地说："我们用显微镜来观察细菌的时候，要先将那抽筒转到最下面至与玻璃片将接触为止，然后，在看的时候，慢慢地由低升高，切不可由高降低，牢记这一点道理，玻璃片就不至于破碎，镜头也不至于损坏了。"

那位小姐点着头，红着脸，默默地收拾残碎的玻璃片。

看过了细菌，白衣教授又领了我们六个人出了实验室，走不到几步便闻见一阵烂肉的臭气，夹着一种厨房的气味，刚推开第十八号实验室的一扇门，那位矮胖子又出现了，正坐在那大大长长粗粗的黑桌子旁边，左手里握着四只玻璃试管，右手的拇指和食指捏着长圆形的玻璃漏器下面的夹子，一捏一捏的，黄黄的肉汁，就从漏器中泻到那一只一只的试管里面。他的动作很快，很纯熟，满桌满架上排着的尽是玻璃管、玻璃瓶、玻璃缸、玻璃碟，或空或满，或污或洁，大大小小，形形色色，更有那一筒一筒的圆铁筒，一个一个的铁丝篮，一包一包的棉花，和其他零星的物件，相伴相杂。满房里充满了肉汁和血腥的气味。

"这一个大蒸锅里面煮的是牛肉汤，"白衣教授指着另一张桌上一个大铜锅，锅底下面呼呼地烧着大煤气炉，"牛肉汤加上琼脂（琼脂是一种海草，煮化了会凝结成一块）就变成牛肉膏，再加上糖变成蜜饯牛肉膏，又甜又香又有肉味，此外还预备有牛奶、鸡蛋、牛心、羊脑、马铃薯等，这些都是上等补品。我们天天请客，请的是各处来的细菌，细菌吃得又胖又美，就可以供我们研究，供我们试验了……"

他没有说完，在他背后那个角落里，我又发现了一个新奇、庞大、长圆形的横卧在铁架上的黄铁筒，仿佛火车头一般，上面没有那突出的烟筒和汽笛，但有一个气压表、一个寒暑针、一个放气管插在上面，筒口有圆圆的门盖，半开半闭，里面露出一个装满了玻璃试管的铁丝篮。后来他告诉我们这是"热压杀菌器"，用高压力的蒸汽去杀尽细菌。

他推开后面那一扇门，让我们一个个踏进去。不得了，这里有动物的臭味腥气冲进鼻子里。一阵猫的尿气，一阵老鼠的屎味，一阵兔毛拌干草的气味，若不是还有一阵臭药水的味，鼻子就要不通气了。这里有更多更大的铁丝篮，整齐地分列两旁，一层一层一格一格地排着，每篮都有号数。<u>篮中的动物看见我们走近，兔子就缩头缩耳地往后退却，猴儿就张着眼睛上下眺望，猫就伸出爪，小白老鼠东窜西窜，还有那些半像猪半像鼠的天竺鼠正吃萝卜不睬我们哩</u>（通过描写兔子、猴儿、猫等小动物看见人走近后的不同反应，生动地刻画出了这些实验用小动物们的可爱，也间接赞美了这些小动物们给人类医学做出了巨大贡献）。

"这些动物都是人类的功臣，"那教授又扬起声音说了，"代我们病，代我们死，病菌生活的原理，都是用它们来查的呀。我们天天忙着，不是山羊抽血，就是豚鼠打针，不是老鼠毒杀，就是兔子病死，不是猫开刀，就是猴儿灌药，手段未免毒辣，成效却非常伟大，现代医学的进步不知牺牲了多少这样的小动物哇……"

他说完了，又引我们看了后面的羊场。一只大母羊、三只小山羊见了我们拔腿就跑。

我们出来又参观了冰箱和暖室，他又指示我们每人的仪器柜和衣服柜，我们就把木箱子的古董锁在仪器柜里面，脱了白衣锁在衣服柜里面。此时，开始时的臭味、腥气都被新奇的幻想所冲散了。

出了立克馆就是爱丽斯街，街上来来往往都是高鼻子的男女学生，唱着歌儿，呼着哈罗，说说笑笑，嘻嘻哈哈的，夹着书本，迈着大步走。我也夹杂在其间，心里在微微地笑，一步一步都欣然自得，像哥伦布发现了新大陆。

毒菌战争的问题

东非的炮声没有停，华北已经流了血，莱茵河的杀气腾腾，太平洋的阴风惨惨，战神的列车就要开到了，他的宣传队正在四处活动。

在这风云紧急的当儿，又传来了一个惊人的消息：

这一次世界大战，各交战国要请毒菌来助战了！

帝国主义者也要散布毒菌来消灭我们吗？

这真是科学的耻辱，人类的大不幸。

这在侵略者，是极端的残酷，在被压迫者，是无限的悲哀。

弱小的民族们，认清吧！

这是在告诉我们，列强的军事野心家，投降了微生物界，勾结了苍蝇、疟蚊、鼠蚤、臭虫，做了恶菌的前驱、内应，而想出这人类自杀的毒策。

这些想要利用毒菌战争的人，简直就是人类的汉奸，就是"人奸"。

毒菌，穷凶极恶的毒菌，在过去人类的历史，就制造了不少惨痛的伤痕，全人类几乎被它们灭亡了好几次。

穷凶极恶的"鼠疫菌"，人类最可怕的恶敌，欧洲 14 世纪黑死病的恐怖，就是由它行凶，导致印度在 20 年之间死了 1025 万人。

穷凶极恶的"霍乱菌"，单在 19 世纪中，就有六次扫荡了全世界；不到一个月的工夫，伦敦一市有 4000 死尸，巴黎一市有 7000 死尸。

穷凶极恶的"流行性感冒菌"，在 1918 年至 1919 年几个月的期间所杀死的人，比欧战四年间所死的还要多。

还有其他穷凶极恶的毒菌，有急性的，有慢性的，都不断地向人类进攻。我们的一生，有哪一刻不受着它们的威胁呢？

然而现在，毒菌的威风已经稍煞了。

这自然是科学家的功劳。

科学的精神是国际合作。科学家是不论国籍，不分国界，而肯牺牲一切，共向人类幸福的前程，努力迈进的。

不料，从第一种毒菌"炭疽杆菌"发现以来，才有 60 年，防御和救治传染病的方法，还没有完全成功，现在竟有这样黑心肝的人，妄想把毒菌当战争武器，来屠杀自己的同类了。

这不是科学界最矛盾、最沉痛的一件事吗？

这样的人在法国，就对不起巴斯德；在德国，就对不起柯赫；在英国，就对不起李斯德；在日本就对不起野口博士。野口博士为了研究黄热病，而牺牲了自己的性命，是值得我们推崇的一位日本科学家。

在同一国度里，出现了为人类而不惜牺牲了自己的科学家，又出现了为自己而不惜毁灭了人类的军阀。

这是不足为怪的。这是帝国主义者的老把戏。

科学落伍的中国，从前似乎也曾发明了火药。这在我们不过是拿来做鞭炮之类的玩意儿。一到了白种人的手里，就变成了大炮和炸弹。甚至于宗教、教育、医院之类的事业，——都可以做成侵略的工具。而现在更有这种杀人不见血的毒菌，更来得简便了。

然而，毒菌的种类既多，它们攻入的法子，也各有花样，各有一定的途径，也须遇着种种机缘，打破重重难关，断不是随随便便，瞎碰瞎干，就可以杀倒一个比它大了好几百万倍的人呀！

攻人的毒菌，现在已经发现的，大约有六十几种之多吧？它们都是细菌世界里的流氓，到处潜伏。人家的身体偶尔着了凉，它们就趁冷打劫。体虚质弱的人，更容易受它们的欺侮了。

它们打倒了一个病人，就拿他作为临时的根据地。就由那病人，在谈话握手的时候，传染给别人。或由那病人所用的茶杯、手巾、钱币、书籍、衣服，如此等等的物件，传染起来。

它们尚且以为这太费事了。因为每次要寻到有得病的资格的人，一定要在他疏忽的时候，吃了些没有煮熟的食物，喝了些生冷的水，它们才得以混进去，到肚肠里去。

从鼻孔里进去吧？那又得等到天气突然转冷的交关，灰尘飞扬的时候，有人群拥挤的场所。就是冲进了鼻毛的后面，也还有别的问题哩。

于是这些毒菌呀又想利用昆虫作战了。有的挂在苍蝇脚下，有的伏在蚊子口里，有的藏在跳蚤身上，有的躲在臭虫刺边，都恨不得立刻就钻进人的体内去，人的血管里面去，去吃那香喷喷的血。

可是到了人血里以后，又遇着两个小冤家，要和它们厮打。一个是白血球，另一个是抗体。

原来毒菌杀人的武器，是有两种的：一种是专靠自己生殖快，菌众多，硬把血管冲破，血素吃光，伤寒菌就是这一例。一

种是盘踞在人身的一个角落里，而不停地分泌毒汁，使人全身中毒而死，白喉菌就是这一例。

因此人血里的抗体，也有两种：一种是抗菌，另一种是抗毒。

要打破这些难关，才能杀倒一个人。不然，若毒菌容易得胜，人类早已灭亡了。

一个大时疫的流行，自有它特殊的原因，特殊的气候，特殊的环境，合着而造成的。随着现代世界卫生事业的进步，这恐慌已经减少了。

现在，军事的妄想家，却要利用毒菌来助战了。

也就是说，要在敌国造成人工的时疫。可能吗？我也曾替他们细细地设想。

选出最凶最毒的菌种，大量地培养起来，装入特制的炸弹里面，从飞机上投下去吧。

投到对方的战地去，投到对方的街市去，使这些毒菌，如毛毛雨一般，满天满地地飞舞。然而，这时候，敌方如果早有准备，只需每人用一条消毒的纱布罩住鼻子，也就安然度过了。

在江河湖沼里，在自流井饮水池里，秘密散布毒菌吧。然而，这时候，敌方如果有卫生的训练，不去喝生冷的水，只喝些开而又开的水，那么，那些毒菌只好静候着时间的淘汰了。

还有别的法子想吗？

有。可以组织病人敢死队，送有传染性的病人到前线去。可以从飞机上掷下无数的苍蝇，苍蝇不足，继之以蚊子、臭虫、跳蚤、壁蚤、死老鼠之类的"疫媒"。

这似乎是可笑，而其实是可怕。

战争本是盲目的行动，何况帝国主义者一心残酷，无毒不使，样样做得出。可怜的只是我们不讲卫生的古国，在平时，一般民众，就没有接受过卫生训练，不懂得预防传染病的常识；到了战时更是手忙脚乱了。

毒菌战争，不过是玩传染病的把戏，我们若揭穿了那把戏的内幕，也就无须恐慌了。

然而，可怕的是，战争即使没有利用毒菌，而毒菌却反利用了战争，造成了它们流行的机会。大战之后，必有大疫。欧战死亡的统计，死于枪炮火之下的占少数，死于疫病的占多数。

而且，在平时，世界各国对于时疫，都有严密的检查与管理，一旦大战发生，不免废弛放纵，那流祸是不可胜言的。

这是一件严重的事实。不论大战什么时候来，我们大众对于毒菌这家伙，都亟待注意啊！

凶手在哪儿

强盗在杀人，疾病也在杀人。

强盗的面前是财物，背后站着迫强盗为强盗的恶势力。

疾病的面前是身体虚弱不讲卫生的人，背后站着毒菌。

战争在酝酿着，时疫也在酝酿着。杀人的势力膨胀了。

战争的凶手是帝国主义者的军队，时疫的凶手是毒菌的兵马。

战争造成了毒菌大量杀人的机会。它没有正式利用过毒菌，也许终究不敢利用，而毒菌却早已尽量利用了它。

单举"脑膜炎"为例吧。脑膜炎的凶手，是爱吃人血的一对一对的"双球菌"。经过一次大战，它就盛行一次。在欧战时，英军受害最烈，法军次之，德军几乎幸免，这或许是因为德国的军事卫生训练特别精到吧。

在战前，脑膜炎每年杀死的英国人，总不到200人。在1915年英国加入欧战之后，死于脑膜炎的人数，突然增至1521人。

在中国，脑膜炎素来就不和我们客气，一旦远东战事发生，即使敌人不散放脑膜炎的毒菌来扑灭我们，而因战时所造成的不卫生的环境，脑膜炎也自然地会趁势蔓延起来。那时，我们一般军队和民众，既缺卫生训练，又少预防常识，一个个手忙脚乱，不知如何是好，怎么得了！

脑膜炎如此，还有其他更多更凶的毒菌，都在那里扩充军备，瞧着，闻着，等候着大战的来临，就要——发作，——暴动起来，更怎么得了！

战争是时疫的导火线。

所以战争不仅是社会科学的问题，也还是自然科学的问题。疾病不是私人的痛苦，大家都有份。病会流行，病会传染，传染所及，大众都要遭殃。一人的病，一变成大众的疫，全世界都生恐慌。

战争最大的对象，是要打倒了别人的国家，降服了异族。帝国主义者这才扬扬得意了。

时疫最大的对象，是要毁灭全人类，破坏生物界的完整。毒菌这才在那里吃吃而笑（生动传神地描绘出毒菌侵害人类得逞后的得意而阴险的模样）了。

所以时疫虽是自然科学的问题，更也是社会科学的问题。

帝国主义者这凶手的潜势力，是很深长、久远的，它是明目张胆地行凶，我们是司空见惯了。

毒菌这凶手的潜势力，也很深长、久远。可是它在暗中作怪，我们只觉着受它的攻打，见不着它一些踪迹。

有一些毒菌的踪迹，虽是被科学家看穿了，我们大众哪里有这眼福。就是偶尔看到显微镜，也是茫然一无所得。

那么，请细菌学者开一张毒菌的清单，好吗？那又都是一批一批生硬的怪名词，看了更糊涂。

既有这些杀人不见血、不留影子的凶手，又有那些土头土脑，危险临头而还是那么懒洋洋的，没有团结力，没有自卫力的一般民众，这岂不是都坐着等死吗？

毒菌的真相、阵容，如何侵略我们，我们如何侦察、搜查，如何防御，如何消灭它的恶势力，这些似乎都是专家的智识。然而大战爆发了，寥寥几位专家是不济事的。卫生局就有成千的医生，可以立时动员给我们打预防针、施救急药，而一市数百万的居民，能个个都照顾到吗？中国有几个城市有卫生局呢？全国有多少能治病的医生呢？

因此，中国的民众在抵抗帝国主义者侵略的时候，对于防御毒菌的常识，是必不可少的。

最先要认识毒菌的巢穴、魔窟。然后进可以攻，退可以守，然后处处小心提防，不去沾染它。攻就要全部围剿，用消毒的手段去消灭它。

我是曾经在实验室里，掌管过毒菌的生死簿的一人，所以对于它的来历、形状，颇为清楚。

统观起来，屈指一算，它的魔窟，可有七处。

第一窟是水窟，叫作"粪窟"，更为切实。粪原是毒菌的大本营。一杯明净的水，它的来源若流进了粪，就有不少的毒菌混入，看上去还是明净，然而就是这一杯水，把毒菌送到我们的肚肠里去了。这一类的毒菌，如伤寒菌、如痢菌、如霍乱菌，都是极凶狠的。当然，不要忘记了，苍蝇也是这一批传染症的帮凶，有时做帮凶的还是人们自己的手指头。

第二窟是人窟，更确切一点叫作"喉窟"也可以。毒菌就伏在人的咽喉里。带菌的人把它带来带去，四处散布，大众拥挤的地方，更是危险了。欧战时就有不少这经验，在营房里，本来人就多，到晚上又都床靠床地睡，据说床的隔离，要在三英尺以外，才没有传染的危险。这一类的传染病，如结核、如白喉、如脑膜炎、如流行性感冒、如肺炎、如猩红热等，传染的法子，大同小异，都是以病人或带菌人为出发点的。

第三窟是食窟。这一类的毒菌，如肠热毒、如腊肠毒菌，都不待苍蝇的提携，早伏在肉和菜里面了。中国人吃的肉煮得烂，危险似乎较少。

第四窟是虫窟。身虱可怕吗？它会传染斑疹伤寒；臭虱、吮血蝇可怕吗？它们会传染回归热；跳蚤可怕吗？它会传染鼠疫（运用排比的修辞手法指出了各种虫子都会传染疾病，强调了这些不起眼的虫子的可怕），不过鼠疫还有老鼠被利用；疟蚊可怕吗？它会传染疟疾，不过疟疾的主因，不是毒菌，而是毒原虫。这些虫子有些常见有些不常见，一律打倒，免得将来帮凶。

第五窟是兽窟，在这里，人和兽都是被屠杀者。因为人和兽的接近，兽的疫就跑到人身上来了。疯狗咬人，人不但受伤，还会患狂犬病；马夫曾受马鼻疽的传染，牛羊的炭疽病，会传给织毛、洗革的工人；地中海一带的人，吃了羊奶，也会得马耳他热病；牛奶有时也会送结核菌到我们的肚子里去；欧战时，前线的兵士多得急性黄疸病，据说是身上的伤口沾着了老鼠尿；日本也有七日热、鼠咬热诸病，都与老鼠有关。的确，老鼠还是鼠疫的第一主人咧。

第六窟是土窟，这里抗敌的战士们要特别注意呀！在战壕里，就伏有不少的毒菌。不是那泥土不干净，就是那马粪太危险，受伤的军士经不起破伤风毒菌的袭击呀！有时在战地上跳出一种虱子咬你一口，还会发生战壕热的病哩。

第七窟是皮窟，由皮肤和皮肤的密切接触而传染。那就是混入人类的性生活里的梅毒菌和淋菌，还有那趴在皮肤上老不肯去

的麻风菌。这些顽固的毒菌，在传染病的暴风雨中，居然也占有一角很大的地盘。

也许还有第八窟。这七窟也并不是天然的分界，不过在这七窟里，我们时时都可以发现毒菌在活动蔓延。

水，人，食，虫，兽，土，皮，这毒菌的七窟，认清吧！

科学
趣谈

细胞的不死精神

　　高士其的科学小品以细菌学为主，但常常广征博引，涉及整个自然科学领域。而且高士其以深入浅出、通俗易懂的普及形式来使人们理解科学、理解公共卫生，以达到改变陋习、健康生活、移风易俗、使社会变得文明的目的。本章将带你去领略科学世界的绮丽风光，帮你建立健康、卫生的生活方式。

细胞的不死精神

嘀嗒嘀嗒，嘀嗒又嘀嗒……

壁上挂钟的声音，不停地摇响，在催着我们过年似的。

不会停的呀！若没有环境的阻力，只有地心的吸力，那挂钟的钟摆，将永远在摇摆，永远嘀嗒嘀嗒。

苹果落在地上了，江河的潮水一涨一退，天空星球在转动，也都为着地心的吸力。

这是 18 世纪，英国那位大科学家牛顿先生告诉我们的。

但，我想，环境虽有阻力，钟的摇摆，虽渐渐不幸而停止了，还可用我的手，再把发条开一开，再让钟摆摆一摆，又嘀嗒嘀嗒地摇响不停了。再不然，钟的机器坏了，还可以修理的呀！修理不行，还可以拆散改造的呀！

我们这世界，断没有不能改良的坏货。不然，收买旧东西的，便要饿肚皮。

钟摆到底是钟摆，怕的是被古董家买去收藏起来，不怕环境有多么大的阻力，当有再摇再摆的日子。

地心的吸力，环境的阻力，是抵不住、压不倒的，人类双手和大脑得一齐努力抗战哪。你看，一架一架各式各样的飞机，不是都不怕地心的吸力，都能远离地面而高飞吗？

这一来，钟摆仍是可以嘀嗒嘀嗒地不停了。也许因外力的压

迫，暂时吞声，然而不断地努力，修理，改造，整个嘀嗒嘀嗒的声音，万不至于绝响的呀！

无生命的钟摆，经人手的一拨再拨，尚且永远不会停止；有生命的东西，为什么就会死亡？究竟有没有永生的可能呢？

死亡与永生，这个切身的问题，大家都还没有得到一个正确的解答。

在这年底难关大战临头的当儿，握着实权的老板掌柜们，奄奄没有一些生气，害得我们没头没脑，看见一群强盗来抢，就东逃西躲，没有一个敢出来抵抗，还有人勾结强盗以图分赃哩。真是1935年好容易过去，1936年又不知怎样。不知怎样做人是好，求生不得，求死不能，生死的问题愈加紧迫了。

然而这问题不是悄悄地绝望了。

我们不是坐着等死，科学已指示我们的归路、前途。

我们要在生之中探死，死里求生。

生何以会生？

生是因为，在天然的适当环境之中，我们有一个不能不长、不能不分的细胞。

细胞是生命的最小最简单的代表，是生命的基本单位。不论是穷得如细菌或阿米巴，一条性命，也有一个寒酸的细胞，或富得像树或人一般，一身也不过多拥几万万细胞罢了。山芋的细胞，红葡萄的细胞，不比老松老柏的细胞小多少。大象、大鲸的细胞，也不比小鼠小蚁的细胞大多少。在这生物的一切不平等声浪中，细胞大小肥瘦的相差，总算差强人意吧。

这细胞，不问它是属于哪一类生物，落到适合于它生活的肉汁、血液，或有机的盐水当中，就像磁石碰着铁粉一般高兴，

读懂说明方法

打比方：把肉汁、血液等对细胞的吸引比作"磁石碰着铁粉"，生动形象地说明了它们的吸引力之大。

尽量去吸收那环境的滋养料。

吸收滋养料，就是吃东西，是细胞的第一个本能。

细胞吃饱了，会涨大，涨得满满大大的，又嫌自己太笨太重了，于是不得不分身，一分而为二。

分身就等于生孩子，是细胞的第二个本能。

分身后，身子小了一半，食欲又增进了。于是两个细胞一齐吃，吃了再分，分了又吃。

这一来，细胞是一刻比一刻多了。

生物之所以能生存，生命之所以能延续下去，就靠着这能吃能分的细胞。

然而，若任细胞不停地分下去，由小孩子变成大人，由小块头变成大块头，再大起来，可不得了，真要变成大人国的巨人，或竟如希腊神话中的擎天大汉，或如佛经中的须弥山王那么大了。

为什么，人一过了青春时期，只见他一天老过一天，不见他一天高大过一天呢？

是不是细胞分得疲乏了，不肯再分了？有没有哪一天哪一个小时，细胞突然宣告停业倒闭了呀？

细胞的靠得住与靠不住，正如银行、商店的靠得住与靠不住，不然，人怎么一饿就瘦，再饿就病，久饿就死呢？不是细胞亏本而招盘吗？那么，给它以无穷雄厚的资源，细胞会不会渡过死亡的难关，而达于永生之域呢？

这是一个谜。

这个谜，绞尽了几十位科学家的脑汁，费光了好几位生理学者的心血，终于是打破了。

1913年，有一天，在纽约，在那一所煤油大王洛氏基金所兴建的研究院里，有一位戴着白金眼镜的生理学者——葛礼博士，手里拿着一把消毒过的解剖刀，将一只活活的童鸡的心取出，他用轻快的手法，割下一小块鲜红的心肌肉，投入丰美的滋养汁中，放在一个明净的玻璃杯里面，立刻下了一道紧急戒严令，长期不许细菌飞进去捣乱，并且从那天起，时时灌入新鲜的滋养汁，不使那块心肌肉的细胞有一刻饿。

自那天起，那一块小小肉胚，每过了24个小时，就长大了一倍，一直活到现在。

前几年，我在纽约城，参观洛氏研究院，也曾亲见过这活宝贝，那时候它已经活了 16 年了，仍在继续增长。

本来，在鸡身内的心肌肉，只活到一年，就不再长大了。而且，鸡蛋一成了鸡形，那心肌肉细胞的分身率就开始退减了。而今这个养在鸡身以外的心肌肉细胞，竟然已超过了死亡的境界，而达到永生之域了。至少，在人工培养之中，还没有接到它停止分身的消息呀！

葛礼博士这个惊人的实验证实了细胞的伟大。

细胞真可称为仙胞，它有长生不死的精神与力量，只可惜为那死板的环境所限制。一个细胞，分身生殖的能力虽无穷，但恨没有一个容纳这无穷之生的躯壳，因而细胞受了委屈，生物都有死亡之祸了。

说到这里，我又记起那寒酸不过，一身只有一个细胞的细菌。它们那些小伙伴当中，有一位爱吃牛奶的兄弟，叫作"乳酸杆菌"。当它初跳（一个"跳"字，生动形象地刻画出了"乳酸杆菌"迫不及待的样子）进牛奶瓶里去时，显得很威风，几乎把牛奶的精华都吃光了。后来，谁知它吃得过火，起了酸素作用，大煞风景了。因为在酸溜溜的奶汁里，它根本就活不成。

这是怪牛奶瓶太小，酸却集中了。设使牛奶瓶无限大，酸也可以散至"乌有之乡"去，那杆菌也就可以生存下去了。

这是细菌的繁殖，也受了环境的限制。

环境限制人身细胞的发展，除了食物和气候而外，要算是形骸。

形骸是人身的架子，架子既经定造好了，就不能再大、不能再小，因而细胞又受着委屈了。

据说限制人身细胞发展的，还有"内分泌"咧。

内分泌，这稀奇的东西，太多了也坏事，太少了也坏事，我们现在且不必问它。

单细胞生物的性生活

《西游记》里，孙行者有七十二变，拔下一根毫毛，迎风一吹，说一声变，就变出一个和他一般模样的猴儿，手里也拿着金箍棒，跳来跳去。把全身的毫毛都拔下，就变出无数拿金箍棒的猴儿来，可以尽抗天兵天将。不这样讲，不足以显出齐天大圣的神通广大了。

羽扇纶巾的诸葛亮，坐在手推车里，也会演出分身术的戏法来，把敌人兵马都吓退了。

这两段故事，虽荒诞无稽，可是大众的脑子，已给深深地印上分身变化的影子了。

我们现在把这影子，引归正道，用它来比生物学上的现象。

地球上一切生物，哪个不会变化，哪个不会分身。有了分身的本领，才可以生生不灭哩。

我们眼角边，没有挂着一架显微镜，所以自然界中，一切细腻而灵活，奇妙而真实的变动，肉眼虽大，总是看不见的啊！

春雷一响，草木个个都伸腰舒臂，呵一口气而醒来了。一晚上的工夫，枯黄瘦削的树干上，已渐渐长出新枝嫩叶，又渐渐放出一瓣一瓣的花儿蕊儿。娇滴滴的绿，艳点点的红，一忽儿看它们出来，一忽儿看它们残谢，它们到底是怎样发生，怎样变化的呢？

吃过了一对新夫妇的喜酒。不久之后，便见那新娘子的肚子，渐渐膨胀起来，一天大似一天。又过了几个月头，那妇人的怀中，抱着一个啼啼哭哭的小娃娃在喂奶了。新婚后，女人的身体上，起了什么突变，那孩子又怎样地变出来呢？

这一类的问题，大众即使懂得一点儿，也还是一知半解，没有整个地明了，全部地认识过吗？

在显微镜下看来看去，不论是人，拥有一万万个以上的又丰又肥的细胞，或是"阿米巴"，孤零零地只有一个带点寒酸气的穷细胞，基本上的变化，千变万变万万变，都是由于一个原始细胞，用分身术，一而二，二而四，二八而十六，不断不穷地，自有生之初，一直变下来，变成现在这样子了。不过，这其间，经过一期一期的外力压迫，而发生一次一次的突变，于是连变的方法，也改良了，各有各的花样了。

这些变的方法，变的花样，归纳起来，可分为两大类：一类是孤身独行，一粒一粒单单的细胞，自由自主地，分成两个；一类是偏要配合成双，先有两个细胞，化在一起，而后才肯开始一变二、二变四地分身。前一类，无须经过结合的麻烦，所以叫作"无性生殖"，后一种，非有配偶不可，所以叫作"有性生殖"。它们的目的都在生殖传种，而它们的方法则有有性与无性的分别。

单细胞生物，寂寞地运用它那一颗，孤苦伶仃的细胞，竟然也能完成生存的使命。

慢一点，生存的使命是什么？

是一切生物共同的目标，是利用环境的食料与资源，不惜任何牺牲，竭力地把本种本族的生命，永远延续下去，保持本种本

族在自然界中固有的地位，尽量发展所有的本能。凡足以危害，甚至于灭亡吾种吾族的种种恶势力，皆奋力与之斗争；凡是对大众生活友好的，就与之提携互助，合力维护生物全体的均衡。

总之，种的留传和生物界的均衡，便是生存最终的使命。而同时一切的变化与创造，乃是生活过程中，种种段段的表现而已。

单细胞生物中，单纯用无性生殖以传种者，居多，用有性生殖以传种者，也有。

就无性生殖而言，这其间，至少也有三种花样，样样不同，各自有道理。

从荷花池中，烂泥污水里，滤出来长不满百分之一英寸的阿米巴，婆娑多态，佶屈不平，那一条忽伸忽缩的伪足，真够迷人。在墙根底下，雨水滴漏处，刮下来纷纷四散的青苔绿藓，形似小球儿，结成一块儿，有时蔓延到屋瓦，浓绿淡青，带点古色古味，爽人心脾。这两种，一是最简单的动物，一是最简单的植物。它们的单细胞当中，都有一粒核心，核心里面都有若干色体，不能再少了。当它们吃饱之后，色体先分为两半，继而核心也分作两粒，最后整个的细胞，也分裂而变成两个了。两个细胞，一齐长大起来，和原有的细胞一般模样又重新再分了。这样的分法，一代传一代，不需一个时辰。然而其间也曾经过不少细微的波折，非亲眼在显微镜上观察，未能领悟其中真相，这是无性生殖之一种。

圆胖圆胖的"酵母"，身上带点醉意和糖味，专爱啖水果，吃淀粉，成天地在酒桶里胡闹，吃了葡萄，吐出葡萄酒，吃了麦芽，吐出啤酒，吃了火上烘的麦粉浆，发成了热腾腾的面包、馒头。小小的"酵母"，真不愧是我们特约制酒发酵的小技师。这个单细胞小生物长不满四千分之一英寸，胞中一样也有核心，身旁时时会起泡，东起一个泡，西起一个泡，那泡渐涨渐大，变成大酵母，和原有的细胞分家而自立了。这种分身法，叫作发芽生殖，是无性生殖之第二种。

水陆两栖的青蛙，我们是听惯见惯的了。还有"两寄"的疟虫，可惜很多人都没有机会和它会会面，然而我们小百姓，年年夏秋之间常常吃它的亏，遭它的暗算。这疟虫，是一种吃血的寄生虫，也是单细胞动物之一种，和阿米巴小同而大异。

疟虫两寄，是哪两寄？

一寄生于人身，钻入红血球，吃血素以自肥，血素吃厌了，变成雄与雌，蚊子咬人时，趁势滚进蚊子肚里去了。一寄生于蚊身，在蚊胃里混了半辈子，经过一段一段的演变，变成许多镰刀形似的疟虫儿，伏在蚊子口津里，蚊子再度咬人，又送到人血里去了。这样地，奔来奔去，一回蚊子一回人，这里寄宿几夜，那里寄宿几天，这就叫作"两寄"。

本来，同是生物，尽可通融，互惠，让它寄寄又何妨。但恨它，阴险成性，专图破坏我们的组织，屠杀我们的血球，使受其害者，忽而一场大寒，忽而一阵大热，汗流如注，性命交关。不得已吞服了"金鸡纳霜"，把这无赖的疟虫，一起杀退，还我们失去的健康！

当那疟虫钻进红血球里去之后，就蜷伏在那里不动，这时候它的形态，佶屈不平，颇似"阿米巴"而小。它坐在那里，一点一点地把红血球里可吃的东西，都吃光了，自己渐渐肥大起来，变成 12 个至 16 个小豆子似的"芽孢"，涨满了红血球，涨破了

红血球，奔散到血液的狂流中，各自另觅新的红血球而吃了。当这时候那病人，便牙战身抖，如卧寒冰，接着全身热烫起来。那疟虫吃光了新血球，又变成那么多的芽孢，再破红血球而流奔，重觅新血球，这样地循环不已，血球虽多，怎经得起它的节节进攻，步步压迫呢？这利用芽孢以传种的勾当，就叫作芽孢生殖。这是无性生殖的第三花样。所以像疟虫这一类的单细胞动物，统称作"吃血芽孢虫"。

如此这般专用分身的法子以传种，这条妙计，永远行得通吗？分身术可以传之万世，万万世，终不至于有精竭力尽，欲分不得，欲罢不能的日子吗？太阳究竟会不会灭亡？生物究竟会不会绝种？细胞永远维持它食料的供给，究竟会不会，有那一天，再也分不下去了？然而，那一天，终究没有到，没有见证，我们不能妄下判词呀。

不过，自然界为维护生之永续起见，已经及早预防了。物种生命的第二道防线，已经安排好了。

这道防线，就是有性生殖。

有性生殖，就是有配偶的生殖。它的功用，是使生殖的力量加厚，生殖的机能激增，两个异体的细胞合作，彼此都多了一个生力军，物种也多了一份变化的因素了。

孤零零的一个细胞，单身匹马地分变，总觉有些寂寞、单调，而生厌烦吗？好了，现在也知追寻终身的伴侣了，大家都得着贴身的安慰了，地球因此也愈加繁荣了。

然而，无性生殖者，根本没有度过性生活的必要，好不自在，比一般尼姑和尚还清净，无牵无挂，逍遥遥地，吃饱了就分，分疲了又吃，岂不很好。有性生殖者，就大忙特忙了，既忙找配偶，又须忙结婚，哪有一分自由。

但是，太信任自由，易陷入孤立，一旦遇到暴风雨的袭击，就难以支持了。

于是生物，都渐由无性生殖，而发展至有性生殖，换一句话，由独身生活，而进入婚姻生活了。

在单细胞生物中，以无性而兼有性生殖者，"草履虫"就是一个好榜样。

草履虫，也可以从池塘中，烂泥污水里寻出。一小白点，一小白点，会游会动的小东西，放在显微镜下一看，形似南国田夫所穿的草鞋，全身披着一层细毛，借着细毛的鼓动以前进后退。它真是稳健实在多了，不学"阿米巴"那样假形假态，虽仍是单细胞，也有口，有食管，有两个排泄用的"收缩泡"，有食物储存泡，核心也有两颗，一大一小。

有这一大一小的核心，它生殖传种的花样，就比较复杂了。

起先是身体拉长，小核心分作两个，继而大核心也分而为二，口、食管、收缩泡等，都化成细胞浆了。于是身体中断，变成一双草履虫儿了，口、食管、收缩泡等，又各自长出来了。大约每24小时左右，它就分身一次。据说有人看它分身，分到二千五百次，它还没有停止咧。

但，不知怎样，它后来终于是老迈无能了，赶紧和它的同伴结婚，两只草履虫，相偎相倚，紧紧贴在一起，互吐津液，交换小核心，其中情形，曲曲折折，难分难舍，难以细描了。总之，经过了这一番甜蜜蜜的结合，唤回了青春，又彼此分栖，各自分成两个儿子，又分成四个孙儿，一共是八个青春活泼的草履虫，重返于从前独身分变的生活了。

这虽是有性生殖之一种,但不分阴阳,不别雌雄,随随便便,找到同伴,结合结合,就行了。

然则,真的两性结合,又是怎样呢?

话又说到前面去了,不是那吃血的疟虫,正在用芽孢生殖法,循环地破坏我们的红血球吗?它若光是这样吃下去,老是躲在血球里面去,哪里会有这八面威风的架子?重现于蚊子的肚肠,再乘着蚊子当飞机,去投弹于另一个人的血液里去呢。

疟虫深明疾病大势,精通攻人韬略,它在人血里传了好几代,儿孙满堂,饮血狂欢,不知哪里听到蚊子飞近的消息,有好几房的疟虫儿虫孙,在血球里面闷不过,不肯再分芽孢了,突然摇身一变,变成雌雄两个细胞,十分威仪。有一次,一对一对疟虫新夫妇正在暗红的血洞里游行,忽然瞥见洞壁上插进来刺刀似的圆管,大家一看都乐了,都明白这是蚊子的刺,来接它们出去,于是它们一对一对,争先恐后地都跳进这刺管,冲到蚊子肚子里去了。在蚊子肚子里,那雄的细胞放出好几条游丝似的精虫,有一条精虫跑得独快,先钻入那雌的细胞,和核心结合去,其余的精虫就都化走了。这样地结合之后,慢慢地涨大起来,分成了无数小镰刀似的疟虫芽孢儿,又伏在蚊子口津里,等着要吃人血了。

这就是雌雄两性生殖,顶简单的例子。

这一篇所讲的形形色色的杂碎的东西,就是单细胞生物的性生活的种种花样。至于多细胞生物的性生活又是怎样呢?

那是后话。

新陈代谢中蛋白质的三种使命

"新陈代谢"这个名词，在大众脑子里没有一些印象；就是有，也不十分深刻罢，有好些读者都还是初次见面。

比较熟识，而且受欢迎的，还是为首的那"新"字，尤其是在这充满了新年气象的当儿。

现在有多少人正忙着过新年。国难是已险恶到这地步，民众仍是不肯随随便便放弃去吃年糕的惯例。得贺年时，还得贺年。虽是旧历废了，改用新历，但，不问新与旧，街坊上年糕店的生意，依然兴旺。

只要年年年糕够吃，人人都吃得起年糕，人人都能装出一副笑眼笑脸去吃年糕，中国是永远不会亡的。

若只有要人、阔人、名人，乃至于汉奸等，吃得有香有味，而我们贫民、灾民、难民，被迫在走投无路的角落里，吃些又咸又苦的自己的眼泪，那中国就没有真亡，我们已受罪，受得不能再忍下去了。

就有那些人，成天里，不吃别的，只吃些年糕当饭，也与健康有碍。因为平常的年糕里，大部分都是米粉、糖及脂肪，所含的蛋白质极少极少，而蛋白质却是食物中的中坚分子，不容吃得太少了。

大众说："'蛋白质'又是一个新鲜的名词，有点生硬，咽不

下去。"

化学家就解释说："在动植物身上，所寻出的有机氮化物，大半都是'蛋白质'。例如，鸡蛋的蛋白，就几乎完全都是蛋白质，蛋白质也因此而得名。蛋白质的种类很多，结构很复杂，而它实是一切活细胞里面，最重要的成分。地球上所有的生活作用，不能没有它。动物的食料中，万万不能缺少它。"

生物身上之有蛋白质，是生命的基本力量，犹国难声中之有救国学生运动，是挽救民族的基本力量啊。

学生是国家的蛋白质。

旧年过去新年来，有钱的人家，吃的总是大鸡大肉，没钱的人家，吃的总是青菜豆腐，有的穷苦的人家到了过年的时候，也勉强或借或当，凑出一点钱来买些不大新鲜的肉皮肉胚，尝尝肉味。有的更穷苦的，战战栗栗地，拥着破棉袄，沿街讨饭也可以讨得一些肉渣菜底。顶苦的是苦了那些吃草根树叶的灾民，在这冰天雪地的季节，草根也掘不动，树叶也凋零枯黄尽了。吃敌兵的炮弹，只有一刹那间的热血狂流，一死而休。真是，我们这些受冻饿压迫的活罪，不啻早已宣判了死刑，恨不得都冲到前线去，和陷我们堕入这人间地狱，比猛兽恶菌还凶狠的帝国主义者肉搏。

肉搏是靠着徒手空拳，靠着肉的抗争力量啊！这也靠着肉里面含有丰富坚实的蛋白质啊。然而经常吃肉的人，虽多是面团团体胖胖，却不一定就精神百倍，气力十足。这是因为他们太舒服了，蛋白质没有完全运用，失去了均衡了。

至于青菜豆腐，草根树叶，虽很微贱，贵人们都看不起，却也有十分的力量，也含有不少的蛋白质。这些植物的蛋白质，吞到人的肚子里，不大容易消化，还不如猪肉鸡肉那样好消化。然而劳苦大众吃了它们，多能尽量地消化运用，丝毫都没有浪费，一滴一粒都变成血汗，和种种有力的细胞，只恐不够，哪怕吃太饱了。

蛋白质，不问是动物的，或是植物的，吃到了肚子里，经过了胃汁的消化，分解成各种"氨基酸"。"氨基酸"又是一个新异的名词。它是合"阿摩尼亚"的"阿"和"有机酸"的"酸"而成。我们大众只需认它是一种较简单的"有机氮化物"就行了。

这些"氨基酸"就是蛋白质的代表，就渐渐地由小肠、大肠的圆壁上，为血液所吸收。所以过了大小肠之后，大多数的蛋白质都渐渐地不见了，以致屎里面所含"氮"的总量，总没有吃进去的东西那么多。

胃，就像是蛋白质的学校，我们吃进去的鱼肉鸡鸭、青菜豆腐，都在那里受胃汁的训练与淘汰，被血液吸收之后，便是蛋白质毕了业，被引到社会中服务去了。

进了血液，到了社会以后，是怎样发展，怎样转变呢？那便是我们目前所要追问的问题——"新陈代谢"。

"新陈代谢"是"营养"的别名，是食料由胃肠到了血液之后，直至排泄出体外为止，这一大段过程中的种种演变。

"新陈代谢"不限于蛋白质，营养的要素，还有"碳水化合物"、脂肪、"维生素"、水、"无机盐"等。这些要素，一件也不能缺少，缺少一件就要发生毛病。然而，蛋白质却是它们当中的最实在、最中坚的分子。

蛋白质有什么资格，什么力量，配称作食物中的中坚分子呢。

这是因为它在营养中，在新陈代谢中，负有三种伟大的使命。

蛋白质化为"氨基酸"，进了肠的血流，都在肝里面会齐，然后向血液的总流出发，由红血球分送至全身各细胞、各组织、各器官。

在这些细胞、组织、器官里面，那"氨基酸"经过生理的综合，又变成新蛋白质。人身的细胞、组织、器官，时时刻刻都在变化、更换，旧的下野，新的上台，而这些新蛋白质，便是补充、复兴旧生命的新机构。

被吸进了血流的氨基酸，种种色色，里面的分子，很是复杂。有的颇是精明能干，自强不息，立为细胞所起用；有的迟钝笨拙，或过于腐化，为细胞所不愿收。

在这一点看去，据生理学者的实验，植物的蛋白质，不如动物的蛋白质容易为人身细胞所吸用。这理论如果属实，又苦了我们没得肉吃的大众了。

据说，牛肉汁的蛋白质，最丰最好，牛奶次之，鱼又次之，蟹肉、豆、麦粉、米饭依次递降，一个不如一个了。

那些不为细胞组织等所吸用，没有收作生命的新机构的"氨基酸"，做什么去了？我们吃多了蛋白质，那过剩的蛋白质，有什么出路呢？

那它们的大部，就都变成生命的活动力，变成和碳水化合物及脂肪一样，也会发热，也会生力。"氨基酸"又分解了。那"阿"的部分，变成为"阿摩尼亚"，又变成了"尿素"，顺着尿道出去了。那"有机酸"的部分，受了氧化，以供给生命的新动力。

这生命的新动力，便是蛋白质的第二种使命。

食物蛋白质的第三种使命，就是储存起来，以备非常时的急用。在这一点，它们是生命的准备库，是生存竞争的后备军。这一定要等到生命的新机构完成，活动力充足以后，才有这一部分多余的分子。

我们平日每顿饭都吃得饱饱的，尤其是常吃滋补品的人，身上自然就留下许多没有事干的，失业的蛋白质。它们都东漂西泊，散在人身的流液或组织里面，没有一点生气。

但，一到了危难的时候，一到那人挨饿，挨了好几天的饿，肚子里蛋白质宣告破产，血液没有收入，于是各组织都急忙调动，收容这些储存的蛋白质来补充，于是这些失业的蛋白质，都应召而往，活跃起来了。所以平常吃得好，蛋白质有雄厚的准备，一旦事起，虽绝食几天，不要紧。

在新陈代谢中，蛋白质是生命的新机构，生命的新动力，生命的准备库，可见……

学生，在民族解放运动声中，也负有这三种重大的使命。

学生是国家的新蛋白质。敬祝学生运动成功！

民主的纤毛细胞

为了要写一篇科学小品，我的大脑就召集全身细胞代表在大脑细胞的会议厅里面，开了一次紧急会议，商讨应付办法。纤毛细胞和肌肉细胞的代表联名提出了一个书面建议，在那建议书上，它们提出了一个题目，就是"纤毛细胞和肌肉细胞"。它们的理由是，纤毛和肌肉都是人身劳动的主要工具，都是生命的最活泼的机器，应该向广大中国人民做一番普遍的宣传。

我的大脑细胞就说："本细胞不是生理学专家，虽然也曾在医科大学的生理学讲堂里听过课，并且曾在生理学的实验室里跑来跑去过，但这是很久以前的事了。因此对于生理学的记忆是十分模糊的。"

经过大家讨论之后，就决定由大脑的记忆区里面选出几位代表，会同视觉和听觉的代表，坐"回忆号"的轮船到微生物的世界里去访问微生物界的几个特殊的细胞，征求它们的意见。

首先，它们去访问的是细菌国里的球菌先生。

球菌先生正坐在显微镜底下的玻璃片上面的一滴水里面。它，一丝不挂的光溜溜的细胞，坐在那里，动也不动，就对我的大脑细胞代表团说："这题目我一点印象都没有，因为我本身的细胞膜上面一根毛也没有，当我出现在地球上的空气中和土壤里面的时候，生物的伸缩运动还没有开始，因此，我对于这个问题是没有什么意见的。"

在另外一块玻璃片上，它们又去访问了杆菌先生的家庭。

杆菌先生的家里，人口众多，形形色色，无奇不有。有的细胞肚里藏着一颗十分坚实的芽孢，有的细胞身上披着一层油腻的脂肪衣服。最后我的大脑细胞代表团发现一群杆菌在水里游泳，露出一根一根胡须似的长毛。

它们就上前对这些有毛的杆菌说明了来意。

那些杆菌就说："我们细胞身上虽然长出不少的毛，它们的科学名词却是鞭毛，我们都是鞭毛细菌，纤毛细胞还是我们的后辈，你们要到动物细胞的世界里面去调查一下，才能明了真相啊！"

出了细菌国的边境，有两条水路，一条可以通到原生植物的国界；一条可以直达原生动物的国境。

这原生动物的国土上有四个大都市：第一个大都市是变形虫都市，第二个大都市是鞭毛虫都市，第三个大都市就是纤毛虫都市，还有一个大都市，那是孢子虫都市。

变形虫和孢子虫的细胞身上都没有毛，鞭毛虫的细胞身上只有稀稀疏疏的几根鞭子似的长毛，只有那第三个大都市的居民细胞身上才生长着满身的纤毛，它们才是纤毛细胞真正的代表，也就是我的大脑细胞代表团所要访问的对象。

于是，它们就到纤毛虫都市里去采访这一篇科学小品的材料。

它们走进城里，看见那些细胞民众都在舞动着它们的纤毛，有的在走路，有的在吸取食物，有的在呼吸新鲜的空气。

它们看见那些纤毛摇动的形式各有不同，有的是钩来钩去

的，有的是摇摇摆摆的，有的像大海中的波浪，有的像漏斗，但是它们都是许多纤毛集合在一起劳动的，它们是有统一运动方向的。

当时，它们的发言人对我大脑细胞代表团说："我们这一群纤毛细胞，世世代代都是住宿在这样的水面，有时也曾到其他动物身上去旅行，你们人类的大小肠就是我们的富丽堂皇的旅馆，而我们的国家则是这水界天下。

"当我们出外游行的时候，我们常看到许多动物体内都有和我们一模一样的纤毛细胞。

"你瞧，在你们人类的身体上，就有许多地方生长着和我们同样的纤毛细胞。

"像在你们的鼻房里，你们的咽喉管里，你们的气管道上，你们的支气管道上，你们的泪管道上，你们的泪房里，你们的生殖道上，你们的尿道上，你们的输卵管道上，你们的输精管道上，甚至你们的耳道上，甚至你们的脑房里和脊髓道上，都有纤毛细胞在守卫着，像守卫着国土一样。

"它们的工作是输送外物出境，从卵巢到子宫，卵的输送，和从子宫到输卵管，精虫的护送，也是它们的责任哪。

"它们这些纤毛细胞身上的纤毛，虽然

读懂说明方法

打比方：把人类的肚肠比作"富丽堂皇的旅馆"，生动形象地写出了人类肚肠是最适宜纤毛细胞居住的地方，充满趣味。

非常渺小，但是由于它们的劳动是集体的合作，由于它们的方向是一致的，所以它们能够肩负起很重的担子，根据某生理学家的估计，在每平方公寸的面积上面，它们能够举起（形象地写出了纤毛细胞力量的巨大，也突出了纤毛细胞的团结合作精神，用词准确而贴切）336 克重的东西。"

纸 的 故 事

　　我们的名字叫作"纤维"，我们生长在植物身上。地球上所有的木材、竹片、棉、麻、稻草、麦秆和芦苇都是我们的家。我们有很多的用处，其中最大的一个用处，就是我们能造纸。

　　这个秘密，在1800多年以前，就被中国的古人知道了，这是中国古代的伟大发明之一。

　　在这以前，人们记载文字，有的是刻在石头上，有的是刻在竹简上，有的是刻在木片上，有的是刻在龟甲和兽骨上，有的是铸造在钟鼎彝器上。这些做法，都是很笨的呀！

　　到了东汉时代，就有一个聪明的人，名叫蔡伦，他聚集了那时候劳动人民丰富的经验，改进了造纸的方法。用纸来记载文字就便当多了。

　　蔡伦用树皮、麻头、破布和渔网做原料，这些原料里面都有我们存在。他把这些原料放在石臼里舂烂，再和上水就变成了浆。他又用丝线织成网，用竹竿做成筐，做成造纸的模型。他把浆倒在模型里，不断地摇动，使得那些原料变成了一张席，等水都从网里逃光了，就变成了一张纸，再小心地把它拉下，铺在板上，放在太阳光下晒干，或者把它焙干，就变成了干的纸张。这就是中国手工造纸的老方法。

　　纸在中国发明以后，又过了 1000 多年，才由阿拉伯人把它带到欧洲各国去旅行。它到过西 西里、西班牙、叙利亚、意大利、德意志和俄罗斯，差不多游遍了全世界（运用拟人的修辞手法，生动形象地写出了纸张被发明以后传播到世界各地的情形，

突出了纸对人类的巨大贡献）。造纸的原料沿路都有改变。

普通造纸的方法，都是用木材或破布等做原料。

在这些原料里面，都少不了我们，我们是造纸的主要分子。拿一根折断的火柴，再从破布里抽出一根纱，放在放大镜下面看一看，你就可以看出火柴和纱都是我们组织成的。纸就是由我们造成的，你只要撕一片纸，在光亮处细看那毛边，就很容易看出我们的形状。

二

我们现在讲一个破布变纸的故事给你们听，好吗？这是我们在破布身上亲身经历的事。

有一天，破布被房东太太抛弃了，不久，它就被收买烂东西的人捡走，和别的破布一起送到工厂里去。

在工厂里，他们先拿破布来蒸，杀死我们身上的细菌，去掉我们身上的灰尘。工厂里有一种特别的机器，专用来打灰尘的，一天可以弄干净几千磅的破布。随后他们把这干净的破布放在撕布机里，撕得粉碎。为了要把我们身上一切的杂质去掉，他们就把这些布屑放在一个大锅里，和着化学药品一起煮，于是我们被煮烂了。他们又用特别机器把我们打成浆。他们还有一部大机器，是由许多小机器构成的，纸浆由这一头进去，制成的纸由那一头出来。我们先走进沙箱里，是一个有粗筛底的箱子，哎呀！我们跌了一跤（拟人化地写出了被打成浆的破布进入有粗筛底的箱子时一下子漏下去的情形，用词形象贴切，充满情趣），我们身上的沙，都沉到底下去了。于是我们流进过滤器——是一个有孔的鼓筒，不断地摇动，我们身上的结和团块都留在鼓筒里。于是我们变成了清洁的浆，从孔里漏出来，流到一个网上。最后，我们由网送到布条上，布条把我们带到一套滚子中间，有些滚子把我们里面的水挤压掉，另有些有热蒸汽的滚子，把我们完全烤干。最后，我们就变成了一片美丽而大方的纸。这就是机器造纸的方法。

这样，我们从破布或其他废料出身，经过科学的改造，变成了有用的纸张，变成了文化阵线上的战士。

漫谈粗粮和细粮

在一次营养座谈会上，我们讨论粗粮和细粮的问题，在座的有好多位伙食委员、经济专家、营养专家等。现在我把我们座谈的内容总结如下：

首先，我们谈到主食和副食的关系。

我们的伙食都是以粮食为主的，所有的粮食，如米饭、馒头、窝头、烙饼等，都是主食。所有的小菜，如青菜、豆腐、鱼、虾、肉、蛋以及水果等，都是副食。

我国广大人民过去由于生活困难，在伙食方面养成了一种习惯，就是只注重主食而不注重副食，只注重吃饭而不注重吃菜，人们把大部分伙食费都花在主食方面。有许多单位和家庭把百分之八十的伙食费都花在主食方面，只有很少一部分花在副食方面。

到了解放以后，因为国民经济状况逐步转好了，大家都富裕了一些，都想吃得好些，可是很多人没有想到在副食上多花些钱，而光是想把粗粮换成细粮。有好些学校、机关、团体负责伙食的同志们，也犯了这个毛病，他们把大部分的伙食费买了白米、白面，结果副食费就很少了，不够补偿白米、白面的缺点，使大家不能得到所需要的营养。这样就使得好些人从前在伙食不好的时候还不常患什么营养缺乏病，这时候吃得"好"了，倒反而患病了。

为了满足我们身体对营养的需要，我们应当多增加些副食。白米、白面的绝大部分，在化学上说来，是碳水化合物，它所起的作用，主要是供给我们身体的热和能。副食除了有主食的这种作用以外，还供给我们身体所需要的其他营养成分。

但是为了要普遍满足广大人民对副食的需要，我们还必须促使国民经济进一步发展，这里包括发展工业来推动农业的机械化和大量兴修水利工程以及发展畜牧业和渔业。在目前的经济情况下，要改进广大人民的营养条件，除了适当地增加副食以外，还必须在主食方面解决一部分问题。这就是：调剂主食，把主食的种类增多，吃细粮，也吃粗粮。

其次，我们谈到粗粮和细粮的区别。

细粮是指白米、白面，粗粮是指一般杂粮，这里面有：小米、高粱米、玉米、杂合面、黑面、荞麦面等。

各种谷类的蛋白质成分各不相同，因此，它们的营养价值也不相同。这是因为，蛋白质是由各种不同的氨基酸组成的，一种谷类的蛋白质可能只含有某几种氨基酸，而缺乏其他几种。我们的身体需要各种不同的氨基酸。假使我们平常只吃一种粮食，就会使我们的身体得不到充分的、各种不同的氨基酸。因此，粗粮细粮掺和着吃，是有好处的。

从维生素方面来讲，粗粮也有它的优点。我们知道，胡萝卜素是甲种维生素的前身，它在动物的体内能转化成甲种维生素，可是它在细粮里面的含量太少了，而在小米和玉米里面它的含量就比较多。硫胺素（就是一号乙种维生素）（今称维生素 B_1）和核黄素（就是二号乙种维生素）（今称维生素 B_2），都存在于谷

皮和谷胚里面，因此它们在粗粮里面的含量也比细粮高。至于说到其他维生素如尼克酸（也叫作烟碱酸）和无机盐如钙质和铁质等，一般也是粗粮比细粮含量高。

再次，我们谈到我们身体所需要的营养成分。

我们身体每天所需要的营养成分，就是碳水化合物、脂肪、蛋白质、无机盐和维生素等，因此，我们每天所吃的食物里面也必须含有它们，一种也不能缺少。

碳水化合物的作用主要是供给我们身体的热和能。

脂肪的作用，除了供给热和能以外，还能保持体温，保护神经系统、肌肉和各种重要器官，使它们不会受到摩擦。

蛋白质是构成我们身体组织的主要材料，它能使我们身体生长新的细胞和修补旧的组织。正在生长中的儿童应该多吃含有蛋白质的食物，促使他发育成长。正在恢复期间的病人和产妇，也需要多吃含有蛋白质的食物，来修补被破坏了的组织。

无机盐有很多种，它们的作用都不一样：铁是造血的原料，钙是制骨的器材，磷是大脑、神经、奶汁、骨的建筑用品，碘可以预防"甲状腺"的肿大，其他如钠、钾、镁等也各有各的用处。

维生素也有许多种（已发现的约有 30 来种，其中有些是有机酸，有些是别种有机化合物），它们是生活机能的激动力，是日常食物中必不可少的物质。吃了充分的维生素，我们的身体才能达到均衡的发展。它们还能加强我们身体的抵抗力，不仅能帮助白血球和抗体抵抗传染病的侵犯，而且还可以预防各种营养不足的病症。

如果我们的身体缺乏了甲种维生素，就会得夜盲病和干眼病。得夜盲病的人一到了傍晚，眼睛就看不清东西了，厉害的就会变成瞎子。得干眼病的人，最初的病症是眼球发干，眼泪少，后来渐渐发炎，出很多的眼屎，再坏下去就会流血流脓，眼球上起白斑，到后来眼球烂坏，眼睛就瞎掉了。

如果我们的身体缺乏硫胺素（一号乙种维生素），起初是胃口不开，精神不振，情绪不佳，易发脾气，消化不良，晚上睡不着觉，心脏跳动没有规律，思想不集中，后来就得了脚气病，两腿瘫软，不能直立行走，这就是干性脚气病。如果心脏受了障碍，影响了血液循环，就有两腿浮肿的现象，这就是湿性脚气病。

如果我们的身体缺乏了核黄素（二号乙种维生素），就会发生口角炎、唇炎、舌炎，或者有阴囊皮炎、颜面皮肤炎等症状。

如果我们的身体缺乏了尼克酸（也是一种乙种维生素），就会发生神经、皮肤和肠胃系统的各种症状。神经症状严重的人会发呆。皮肤症状最常见的就是癞皮病：皮肤发炎、红肿、发黑变硬、起皱纹、有裂缝。肠胃症状主要的是腹泻，拉出的屎像水一样，混杂着未消化的食物，气味难闻得很，有时候可以一天拉30多次；如果治疗不当，也会引起死亡。

如果我们的身体缺乏了丙种维生素（这种维生素虽然不存在于粮食里面，但也是我们不可缺少的一种营养成分；一切新鲜的蔬菜和水果，如辣椒、番茄、橘子、橙子、柚子、柠檬、白菜、萝卜等，里面都有它），骨头容易变质，牙齿容易坏，微血管容易破裂出血，结果就会成为坏血病。

丙种维生素在我们身体里面，可以促进抗体的产生，增加人体对于传染病的抵抗力。

此外，还有丁种、戊种和己种等各种维生素，在这里就不一个一个细讲了。

　　这样说来，我们的食物里面所含有的各种营养成分，我们的身体是非常需要的。可是，这些营养成分，在精白细粮里面的含量不足以满足人体的需要，大多数的粗粮里面才有充足的含量。吃细粮，也吃粗粮，我们身体在这方面的需要就能得到完全满足。这样看来，粗粮细粮都吃的人的身体比单吃细粮的人好，难道还不够明显吗？

　　复次，我们还指出了粗粮的价钱比细粮贱。

　　有一位经济专家说："白米白面，不但营养价值不如粗粮，而且价钱反而贵得多。譬如说，一斤大米价格是二角一分，一斤白面约合到一角九分，而一斤小米只有一角四分，一斤玉米面只要一角二分。这就是说，买一斤小站大米的钱，够买一斤半小米；买一斤白面的钱，也可以买一斤九两多玉米面。那么，我们为什么不掺和着吃些粗粮，省下钱来多买一些副食品吃呢？"

　　说到这里，有一位有胃病的同志提出了疑问，他说："粗粮怕不会比细粮容易消化吧？"

　　营养专家说："我们必须从影响消化的各种因素来看问题。先要看我们的食物里面所含的粗纤维多不多。任何食物都含有一定分量的粗纤维，粗纤维有刺激肠蠕动的作用。如果食物所含的粗纤维过多了，肠蠕动受了过分的刺激，使食物在比较短的时间内就通过消化器官，以致消化液不能有充分的时间发挥分解食物的作用，便会造成消化不良。但是如果粗纤维含量过少了，也会影响肠蠕动不良，容易引起便秘。因此，食物中有适当含量的粗纤维（每天每人5~10克），那是必需的。有些粗粮如高粱和小米，粗纤维的含量不比细粮高，其他粗粮的粗纤维的含量，除了大麦、莜（yóu）麦之外，也不至于对消化有什么影响。

"容易消化不容易消化再要看怎样煮法。大米煮熟以后是比高粱米和小米煮熟后消化得要快一些，但是如果将大米磨成米粉，再用水来煮，它的消化速度和经过同样处理的高粱粉和小米粉并没有什么区别。

"容易消化不容易消化更要看怎样吃法。有许多人吃东西是采取狼吞虎咽的办法，不经过咀嚼，没有发挥唾液的消化作用就吞下去，这样的吃法，不但粗粮不容易消化，就是吃细粮也一样不会消化完全的。此外，每次吃的分量，也会影响到消化的能力。

"还有，人体消化器官的功能和饮食习惯也有很大的关系。没有吃粗粮习惯的人，吃了粗粮之后先是不容易消化的，到习惯以后，一样可以很好地消化这些粮食。"

最后，有些同志提出粗粮好吃不好吃的问题。

他们说："吃粗粮虽然比吃细粮好，但是粗粮究竟没有细粮好吃呀！"

营养专家说："白米、白面比较粗粮容易做得好吃些，但人们觉得白米、白面好吃，有一部分还是由于老的习惯。这种习惯是可以逐渐改变的，觉得好吃不好吃的标准也是可以逐渐地改变的。况且，粗粮如果能稍稍加以精制和调和，也可以使它更适合人们的口味。在粗粮的制作方面，只要能注意多种多样化，时常改变花样，就可以提高人们对粗粮制品的兴趣。把小米面、玉米面和黄豆面三种混合起来吃，不但营养价值能增高，滋味也是很好的。"

我们在主食中吃粗粮以后，就可以将节余下来的伙食费，增买一些蔬菜。每人最好每天吃到蔬菜一斤，其中有一半是叶菜，

尤其是绿叶菜（绿叶菜含有丰富的胡萝卜素和丙种维生素）。在冬季绿叶菜比较少些，可以多吃豆芽和甜薯，这两种食物都含有很丰富的丙种维生素。其他副食品要看经济条件而定，如果不能吃到鸡蛋和瘦肉、肝类的话，就多吃些黄豆制品如豆腐等。

此外，在烹饪操作上也还有几点要注意的地方：

（一）维生素大多数都是有机酸，它们都是怕碱的，所以做饭、做菜都不要加碱，免得维生素受到破坏；

（二）丙种维生素和乙种维生素都是容易溶解在水里的，它们又都怕热，所以不要用热水洗菜，应该先洗后切，切好马上下锅。洗米的时候次数也不要洗得太多，不然会使这些维生素损失掉；

（三）把米或其他食物放在不透气的蒸锅里蒸，不用火焰直接来煮，是一种很好的烹饪方法，蒸汽的压力不但能使食物熟得快，而且食物的营养成分也能够保存下来。

我们的党和毛主席是关心我们每一个人的健康的。我们的伙食，如果按照上面所讲的原则来改善，我们的健康状况一定可以提高，大家将有更充沛的精神和体力投身到祖国的经济建设事业中去。

炼铁的故事

如果没有铁的话，我们的世界会变成什么样子呢？一切机器的声音都停止了，我们的物质文明就会倒退很多世纪，重新过贫穷、落后、野蛮的生活。

那时候，从最小的螺丝钉到最大的锅炉都不能制造了。

那时候，不但马路上没有汽车，海洋上没有轮船，天空没有飞机，也没有高楼大厦、厂房、码头、仓库、铁路和桥梁。

就是手工业工人，也没有斧头、铁锤和锯子；农民也没有锄头和镰刀。一切劳动的工具，都只好用木头、石头和青铜制造了。

铁能使我们生活变得更美满更文明，我们离不开它。

我们伟大的祖先，很早就发明了用铁作工具。不过，在那时候用土法采矿、炼铁，出产很少，质量也不好。

大约到了1400年的时候，才出现了规模较大的鼓风炉。从那时起，炼铁工人把他们不断在劳动中所积累下来的经验和科学成果相结合，才创造出现代化大规模的炼铁法。现在世界上已经有了新式鼓风炉，每24小时内可以产好几百吨铁。而且从采矿到炼铁的全部过程，也都机械化了。

你们如果到矿山上去看，就可以看见采矿工人正在用炸药把红褐色的铁矿石炸得粉碎，白天夜晚都可以听见轰隆隆的响声，

像不断地在放炮。

你们又可以看见，在矿山的斜坡上，许多架铲矿石的机器，像坦克车一样地在走动着。它的前面伸出了一只长长的钢臂，钢臂头上挂了个有齿的大铲斗。管理机器的工人扳动把手，操纵着大铲斗，把成堆的矿石轻便地装进一列列的车皮里，让火车把矿石运到炼铁厂去。

到炼铁厂去的路上，你们远远地就望见有一排烟囱，像哨兵似的站立着。

你们走进工厂，就看见红褐色的矿石，堆满在广场上。

先走过炼焦炉旁，这是一个庞大的建筑物。你们又会看见焦炭从炉子里排出来，还在燃烧中就被吊车运走。

接着你们就会看到那更有趣的部分了——鼓风炉。

这家伙像一座高塔，约有十层楼房那样高，肚子外层包着很厚的钢板，钢板里面砌着很厚的一层耐火砖，在它的身上还绕满了很多细细的管子，不停地流着水。

你们如果早来几个钟头的话，还可以看见小车一辆接着一辆地载着矿石、石灰石和焦炭，由升降机一直送到炉子顶上，把它们统统倒进鼓风炉里去，直到装满为止。

这时候，燃烧焦炭所必需的空气，由鼓风机经过送风管送进热风炉，空气在热风炉里，变成温度很高的热空气，再送到炼铁炉里去。

鼓风炉里热得要命，矿石开始熔化，像火山的内部一样，沸腾着火一般的熔岩。

现在时候到了，工人把鼓风炉底上的小门挖开，于是通红的铁水汹涌地奔流出来，火花四面散开。这就是炼好的生铁了。

火红的铁水滚滚地从鼓风炉里流出来，沿着地上的小沟，流到巨大的桶里。桶是那样沉重，都是用车子或者桥式吊车来把它运到炼钢炉或铸造厂去的。

炼钢炉和鼓风炉外形虽然不一样，但里面的构造也差不多。在炼钢炉里，可以把铁里的杂质去掉，使它含很少量的碳。生铁的含碳量在 1.7% 以上，假若碳的分量减少到 0.3% 至 1.6%，就变成了钢。

这样从炼钢炉里炼出来的，就是有光亮的、有弹性的钢。钢可以制成刀子、锯子、斧头、钢轨、钢梁、车床……

炼铁炼得又好又省又快，机器的声音就会更加热闹起来，我国社会主义工业化，也就能早日实现。

谈　眼　镜

　　眼镜是玻璃国的公民。很久以来，它就为人类的视力服务。一切近视眼和远视眼的人，都离不开它。没有它，他们就要失去工作能力，不能看书和写字了。

　　在眼镜未发明以前，古代的学者，常常因为年老眼花而诉苦。

　　世界上第一片眼镜——单眼镜，是用绿宝石造成的。公元1世纪时有一位近视眼的罗马皇帝曾用过它，闭上一只眼睛，来观看剑客们的决斗。

　　这位皇帝死后1300年，才有真正的眼镜出现。

　　这真正的眼镜，是用玻璃水晶造成的。

　　玻璃水晶和天然水晶一样，是纯洁而透明的物体。

　　但它比天然水晶容易熔化，也容易接受各种加工：吹制、琢磨和雕刻。

　　有了眼镜以后，人们还不知道怎样戴它才好，有的人把它缝在帽子上头，有的人把它装在铁圈里面，有的人把它镶在皮带上面。

　　又过了二三百年的时光，这个问题总算解决了。

　　这是16世纪的事。

　　那时候，人们购买眼镜，都到眼镜铺子里去自由选择，并没有经过眼科大夫的检查。

为什么戴眼镜会帮助提升视力呢？人们还不明白。

首先揭穿这个秘密的人，是德国的天文学家开普勒，他告诉我们，不论是人或是动物，眼睛里面都有一种两面凸起的水晶体。

远视眼的人，这水晶体凸起不够，光线收集不足，因而眼睛看东西都是模糊不清的。所以要给它加上一个两面凸起的玻璃水晶，才能补救这种缺陷。

近视眼的人，恰恰相反，他的水晶体过分凸起，光线过分集中，所以要给它戴上两面凹下去的镜片。

科学的进步，日新月异，眼镜的构造也越来越精巧。

今天，已有这样一种眼镜：它没有镜框子，也不用架在鼻梁上，实际上它是镶装在眼皮下面、紧贴着眼球的一种镜片。如果你看戴这种眼镜的人，是不会看得出来的。

眼镜的科学，是真正为人类谋福利的科学。

在眼镜的大家庭里，还有望远镜、显微镜、照相机、电影机等；有的扩大和增强人类的视力；有的把人物、风景、故事情节都反映出来，给人们看。它们为人类都立过功勋，但它们不在本文范围之内，恕我不多谈了。

"天　石"

古时候，埃及人把铁叫作"天石"。在他们建造金字塔的时候，已经用过铁了。

那时候，铁和金子一样，很不容易找，他们所有的铁，大约有一部分是来自天上掉下来的陨石。

阿拉伯人也有这种传说。他们说："铁是出产在天上的，天把金雨降落在沙漠上，金子变成了银子，银子又变成了黑色的铁。"这是铁的小小故事。

天文学家在观测天体的时候也告诉我们：一切天体都含有铁。在它们的光谱线上，随时都可以看到铁原子所发出的光。在太阳的表面，也时常看到铁原子在奔流。每年都有不少铁原子向地球身上降落，这就是陨石的来源。

但是，长久以来，铁得不到普遍的应用，因为从天上掉下来的陨石，毕竟很少。

科学家又告诉我们：地壳的本身，就含有 4.5% 的铁；地壳所含的金属元素中，除了铝以外，铁要算是最多的了。

人们学会从铁矿石里炼出铁来，是公元前的事。最初，他们用铁制成了犁、锄、铲、斧等工具。这是铁器时代的开始。

又过了好多世纪，直到 19 世纪以后，铁才从小规模的熔铁炉里搬出来，到大规模的高炉里去生产。于是我们才有现代化的钢铁工业。

灰尘的旅行

灰尘是地球上永不疲倦的旅行者，它们随着空气的动荡而漂流。

我们周围的空气，从室内到室外，从城市到郊野，从平地到高山，从沙漠到海洋，几乎处处都有它们的行踪。真正没有灰尘的空间，只有在实验室里才能制造出来。

在晴朗的天空下，灰尘是看不见的，只有在太阳的光线从百叶窗的隙缝里射进黑暗的房间的时候，才可以清楚地看到无数的灰尘在空中飘舞。大的灰尘肉眼固然也可以看得见，小的灰尘比细菌还小，就是用显微镜也观察不到。

根据科学家测验的结果，在干燥的日子里，城市街道上的空气，每立方厘米大约有10万粒的灰尘；海洋上空的空气，每立方厘米大约有1000粒灰尘；旷野和高山的空气，每立方厘米只有几十粒灰尘；住宅区的空气，灰尘要多得多。

这样多的灰尘在空中游荡着，对于气象

读懂说明方法

列数字、做比较：运用排比修辞，全面介绍了在各种环境下灰尘的具体含量，有力地反映出灰尘无处不在的特性。

229

的变化产生了不小的影响。原来灰尘还是制造云雾和雨点的小工程师，它们会帮助空气中的水分凝结成云雾和雨点，没有它们，就没有白云在天空遨游，也没有大雨和小雨了。没有它们，在夏天，强烈的日光将直接照射在大地上，使气温不能降低。这是灰尘在自然界的功用。

在宁静的空气里，灰尘开始以不同的速度下落，这样，过了许多日子，就在屋顶上、门窗上、书架上、桌面上和地板上，铺上了一层灰尘。这些灰尘，又会因空气的动荡而上升，风把它们吹送到遥远的地方去。

1883年，在印度尼西亚的一个岛上，有一座叫作克拉卡托的火山爆发了。在喷发的时候，岛的大部分被炸掉了，最细的火山灰尘上升到8万米——比珠穆朗玛峰还高8倍的高空，周游了全世界，而且还停留在高空一年多。这是灰尘最高最远的一次旅行了。

如果我们追问一下：灰尘都是从什么地方来的？到底是些什么东西呢？我们可以得到下面一系列的答案：有的是来自山地的岩石的碎屑，有的是来自田野的干燥土末，有的是来自海面的由浪花蒸发后生成的食盐粉末，有的是来自上面所说的火山灰，还有的是来自星际空间的宇宙尘。这些都是天然的灰尘。

还有人工的灰尘，主要是来自烟囱的烟尘，此外还有水泥厂、冶金厂、化学工厂、陶瓷厂、锯木厂、纺织工厂、呢绒工厂、面粉工厂等，这些工厂都是灰尘的制造所。

除了这些无机的灰尘而外，还有有机的灰尘。有机的灰尘来自生物的家乡，有的来自植物之家，如花粉、棉絮、柳絮、种子、胞芽等。还有各种细菌和病毒，有的来自动物之家，如皮屑、毛发、鸟羽、蝉翼、虫卵、蛹壳等，还有人畜的粪便。

有许多种灰尘对于人类的生活是有危害性的。自从有机物参加到灰尘的队伍以来，这种危害性就更加严重了。

灰尘的旅行，对于人类的生活有什么危害性呢？

它们不但把我们的空气弄脏，还会弄脏我们的房屋、墙壁、家具、衣服以及手上和脸上的皮肤。它们落到车床内部，会使机器的光滑部分磨坏；它们停留在汽缸里面，会使内燃机的活塞发生阻碍；它们还会毁坏我们的工业成品，把它们变成废品。这些还是小事，灰尘里面夹杂着病菌和病毒，它们是我们健康的最危险的敌人。

灰尘是呼吸道的破坏者，它们会使鼻孔不通、气管发炎、肺部受伤，而引起伤风、流行性感冒、肺炎等传染病。如果在灰尘里边混进了结核菌，那就更危险了，所以必须禁止随地吐痰。此外，金属的灰尘特别是铅，会使人中毒；石灰和水泥的灰尘，会损害我们的肺，又会腐蚀我们的皮肤；花粉的灰尘会使人发生哮喘病。在这些情况之下，为了抵抗灰尘的进攻，我们必须戴上面具或口罩。最后，灰尘还会引起爆炸，这是严重的事故，必须加以防范。

因此，灰尘必须受人类的监督，不能让它们乱飞乱窜。

我们要把马路铺上柏油，让喷水汽车喷洒街道，把城市和工业区变成花园，让每一个工厂都有通风设备和吸尘设备，让一切生产过程和工人都受到严格的保护。

近年来，科学家已发明了用高压电流来捕捉灰尘的办法。人类正在努力控制灰尘的旅行，使它们不再成为人类的祸害，而为人类的利益服务。

电 的 眼 睛

光的运动是一种波动，电的运动也是一种波动。能不能把光波变成电波呢？

俄国物理学家斯托列托夫说：能。他制成了第一个光电管。

在光电管里，进行着光电的变化：光变成了电。

这是自然界里一种奇妙的现象，这是科学上一个伟大的发现。

利用光电变化的原理，科学家发明了电视。于是人们又多了一副眼睛——电的眼睛，这是现代人的千里眼。

最初的电视，是用机械的方法来传送的，这种方法传送出来的画面不大精致。这是1930年以前的事。后来，俄国科学家罗秦格发明了电子电视，利用电子流来传送形象。从此，电视事业才得到真正的发展。

电视的发明，使我们坐在家里，只需拨动一下电视机的开关，不但能听到各种讲演者、演奏者和歌唱者的声音，而且也能看见他们的动作。可以这样说，电视把讲演会、话剧、音乐会……搬到我们的家里来了。它丰富了我们的文娱节目，提高了我们的文化生活。

现在让我简单地介绍一下电子电视的原理。

发送电视的主要设备，是一个长颈的玻璃真空管，叫作"摄

233

像管"。这是 1931 年苏联科学家卡塔耶夫首先发明的。在它的宽广底部，有一块薄云母板叫作"镶嵌板"，上面涂满了细小的银粒，多到几百万颗，每一颗银粒就是一个小光电管。"镶嵌板"的反面是一层薄薄的金属片。

"摄像管"的外面，安装着一块照相机用的镜头，人物风景通过这个镜头，它们的光亮射在镶嵌板上，使银粒起了光电变化，光变成了电。（不同的银粒，接收了不同的光亮，放出不同量的电子，同时使它本身带上了不同量的阳电荷。）

在摄像管的颈端，有一具"电子枪"。电子枪是金属丝绕成的，在通电烧热的时候，它会发出电子流，向镶嵌板射去，让它逐一扫过镶嵌板上的银粒。银粒从电子流得了电子，它上面的阳电荷立即消失，而镶嵌板后面的金属片上的阴电荷也跟着逐步减少。这样产生的电子流经过电子管放大器，就产生了"电信号"。

人物风景的各部分，所反射出来的光线，明暗不同，银粒上所接收的光亮，也深浅各异，因而所产生的电信号，也有强有弱。这些电信号叫作形象信号，它们和播音机所发出的声音信号联合在一起，变成了无线电波，由发射机从天线中发射出去。

收听和观看电视节目的人们，通过电视机的天线，从空中收到了这些无线电波。

关于收音部分，我们按下不表，单说形象部分：

接收形象的主要设备，叫作"电视管"，它也是一根长颈真空玻璃管，在它的颈部也有一具电子枪，能发射出电子流，不过，在它那宽广的底部，却是一块玻璃"荧光屏"。当电视管里的电子枪发出电子流的时候，就会把这些强弱的形象信号反映在荧光屏上，这样和原来一样明暗的人物风景，就会出现在观众的

眼前了。

电子流的运动非常迅速，每一秒钟可以发送出 25 幅画面，这样就能保证观众不但看到人物的形象，而且看到他们的动作，和在现场观看一样。

发送电视，需要建立电视中心。电视中心是发送电视的司令台。苏联 1938 年就在莫斯科和列宁格勒建立了电视中心。

发送电视，需要用超短波（波长 1~10 米的无线电波），但是超短波不能传送很远，最远不超过几十公里，所以我们得用电缆来传送，同时，在各个城市建立地方的电视中心。现在苏联正计划在更多的城市建立新的电视中心。我国也要在第二个五年计划开始的时候，建立电视中心。

电视事业有着远大的前途，它的发展是未可限量的。苏联科学家正在研究五彩电视、立体电视和电视电影。将来还可以采用飞艇或飞机来传送电视，使它传送得更远。

在今天，电视已经直接参加了人类的生活，它扩大了人们的眼界。

有了电视，飞机师可以不怕遇着云雾而迷失方向，利用红外线电视，仍能看到地面上的情况，飞机可以安全降落。

有了电视，潜水员们可以坐在船舱里，不必下水就能观察到海底的一切景象。

有了电视，工人们坐在操纵室里，就能看到锅炉内部变化的详细经过，就能指挥机器大军前进。

有了电视，实习大夫们可以不用到手术室里去，就能清楚地看到施行手术的全部过程。

电视可以显微。我们可以利用紫外线"摄像管"把微生物活动的现象，传送到小银幕上，使人们能看见普通显微镜所看不见的东西。

电视也可以望远。我们可以把电视摄影机装在火箭上，向月球或火星射出去，人们就可以从小银幕上看到月球或火星上的情景。

总有一天，只要你拨动几下电视机的号码盘，就不但可以和亲友谈话，而且还可以望见他的容貌。

电视的好处，真是说不完。

最近，我国第一电子管厂，在北京正式开始生产了，这为我国电视事业的兴起，提供了有利的条件。我们全国人民都将以欢欣鼓舞的心情，来迎接电视事业在中国的诞生，并且要在各方面积极工作，使我国的电视事业在不太长的时间内，迎头赶上国际先进水平。

镜子的故事

报载：1956 年 12 月在日本本州中部冈山市的一个古墓里发现 13 面中国古代铜镜，估计有 1800 年的历史。这些古镜呈圆形，有花纹，都是用青铜制成的。

青铜镜是镜子的祖先，它的发现一向为考古学家所珍视。

考古学家在 100 多年以前，就在埃及一座坟墓里找到一个有柄的金属圆盘，已经生锈，当时人们不知道这个圆盘做什么用。

有的说，这个圆盘是用来代替扇子的；有的说，它是一种装饰品；又有的说，这是一个烤饼的烤盘。

后来经过实验证实，这是一面青铜镜子。

古时候，除了用青铜制造的镜子以外，还有用银子制造的银镜和用钢制造的钢镜。但是，这些金属镜子一遇到潮湿就会发暗生锈，失去本来面目。为了避免这一点，就不能让它们的表面同空气和水分接触。这就需要用玻璃来制造镜子了。

从金属镜到玻璃镜，镜子走了一段有趣的历史。

在人们学会做玻璃以前，是不懂得制造玻璃镜子的。

威尼斯人是制造玻璃的能手，首先发明制造玻璃镜子的也是他们。他们的制法是把水银和锡的合金跟玻璃粘在一起。他们一直保守着这个秘密。

于是，欧洲的王公贵族、阔佬名人都到威尼斯去订购镜子。

法国有个王后叫作玛丽·德·美第奇，在她结婚的时候，威尼斯共和国曾献给她一面玻璃镜子作为礼物，这面镜子虽然小得很，但据说它却值15万法郎哩，王后很爱它。

后来，爱好镜子竟成了一种风气，镜子变成一种显耀的东西，当时的贵族都争先恐后地宁愿什么都不买，却一定要买一面玲珑的镜子。

从此，法国的金钱都流到威尼斯去了。

为了挽回这种损失，法国驻威尼斯大使奉到密令，叫他收买两三名做镜子的技师，把他们偷偷地运到法国去。

不久之后，在法国诺曼底也建立了一座制造玻璃镜子的工厂。

法国爱买镜子的人更多起来了，有钱的人都想给自己家里弄到一面镜子。人们开始用镜子装饰床铺、餐桌、椅子和橱柜，甚

至于在礼服上也缝上小镜子片，使其跳舞的时候在灯光照耀之下闪闪烁烁地发光，这真是美丽呀！

镜子的需求量一年比一年增加，但是它的质量还很低劣，玻璃表面不平，照出来的嘴脸歪曲不正，而且镜子都很小，不能照全身。

于是人们渴望着有大玻璃镜的出现。

制造大玻璃镜之功，是属于法国人的。但是，制造大玻璃镜就需要用大玻璃板，而把玻璃板磨平和磨光是一件十分细致和沉重（"细致""沉重"两个词语真实、贴切地反映出制作镜子这项工作的难度之大）的工作，这种工作既吃力又费时间，结果大玻璃镜的价钱就非常昂贵了。

幸而在今天，人们已经发明一种用机器磨玻璃的方法，而且还能使这种方法自动化。这样就使镜子的价格大跌，一般平民也都买得起。

玻璃镜子的制法越来越完善，它的用途也越广。

人们已经不再用水银和锡的合金了，而是在玻璃板上涂了一层薄的银子，在它的上面又涂上一层漆来保护这层银子。这样制成的镜子，照出来的影子非常清楚。

现在人们已经能造出一种新式玻璃，一面看去是镜子，一面看去是透明的玻璃。把这种玻璃装在汽车上，就使你能浏览窗外的风光人物，而过路的人却不能望见你，只能看见他自己。

科学技术的进步真令人兴奋。

摩　　擦

　　摩擦是一种自然现象，哪儿有运动，哪儿就会发生摩擦，这是用不着什么大惊小怪的。

　　在远古的时候，我们的祖先发明了钻木取火的方法，就是利用摩擦的原理。现在，我们天天都要擦火柴，擦火柴就是一种摩擦的作用呀！

　　在正常的情况下，摩擦现象对于机器的活动是有帮助的，没有它，马达上的皮带就不会转动，车轮就不会向前滚动，一切装在机器上的零件都要松散，各种东西都要滑来滑去站不住脚。这样看来，摩擦是很需要的了。

　　然而，我们的机器往往因为摩擦过多而损坏。在这种情况下，摩擦就变成机器的敌人了。

　　一般说来，物体的表面越粗糙、越不平，它们之间所发生的摩擦越大；反之，物体的表面越光滑、越平坦，它们之间所发生的摩擦越小，这似乎是没有疑问的了。

　　但是，在这里不要过分地信赖你的眼睛。你的眼睛看着十分光滑的东西，如果把它们放在显微镜下仔细观察，仍然会现出许多皱纹，像山地一样高低不平；当它们碰在一起的时候，摩擦的作用仍然在进行。

　　也有这样的情形：物体的表面很光滑，摩擦的作用反而厉

害。这是因为：两个物体之间接触的面很广，距离又极近，物体的分子和分子之间互相吸引，因而产生了阻力，阻碍了物体的运动。

像这样的摩擦，就叫作滑动摩擦。

在滑动摩擦的时候，一开始要费很大的力气才能战胜阻力，后来滑动得越快，就越省力气了。这是因为：上面的物体还没有来得及落下去，就被向前推动了。但是，如果物体的重量增加，摩擦的作用也就会加大。所以沉重的东西，容易磨损。

另外有一种摩擦，叫作滚动摩擦，滚动摩擦比滑动摩擦省力。大家知道，滚一根木头比拖一根木头容易，这是因为：在滑动的时候，物体表面凸凹不平的部分，嵌得很紧，硬要把它平拖过去，当然要花很大力气。在滚动的时候，物体不停地转动，所以比较省力，也不容易磨损。

为了减少磨损，很久以来，人们就和摩擦进行了斗争。人们剥光大树的皮，削平石头的角尖，使它们容易滑动；后来，又利用滚木来搬运东西，这是人类利用滚动摩擦来代替滑动摩擦的开始；接着，就有车轮的产生，为远距离运输创造了有利的条件，人们越来越懂得滚动摩擦的好处；后来又发明了滚珠轴承和滚柱轴承，这样，又大大地减小了摩擦的坏影响。

为了减少磨损，人们又发明了润滑油，润滑油这东西，涂上了机器之后，也可以消除摩擦的坏影响。

但是，直到现在，工程师们所发明的润滑油，都没有人体内部所分泌的"润滑油"那样好。

人体是一架奇妙的机器，他的骨骼的关节表面，都在经常不断地互相摩擦着，为了预防摩擦的有害后果，人体在每一个关节里都会分泌出一种"润滑油"。所以在人的一生中，他的关节不断地工作，不断地摩擦，也不会出毛病。

什么时候我们的机器也能像人体一样完善，可就好了。

热 的 旅 行

天气一天比一天冷了，天气越冷，人们就越需要热。

提起热来，人们就很容易想起太阳、火炉、烧红的铁块、开水和热汤等。

热是什么呢？依照科学的说法，热是一种能，就像光、电、原子能、无线电波、食物和燃料一样，都是能。

热是从哪里来的呢？太阳是热的最大源泉，它不断地向宇宙空间放射出它的热。

这种热射到地球表面的只占它所发出的总热量的二万万分之一，这一点热量，已经相当于每秒钟烧 60 万吨煤所产生的热。如果全地球的表面都结成 200 米厚的冰层，太阳所射到地面上的热量，也足够把它全部融化。

太阳是热的总司令，它指挥着热和寒冷作战，热还有大大小小的指挥官，火就是其中的一种。火是一种燃烧的现象，我们到处都可以见到它：在木炭盆里，在煤火炉里，在煤气炉里，在煤油灯上，在高炉里，在大大小小用火的场合。

电也是一名发热的指挥官，电流通过铜线，铜线就会发红、发热。电灯、电炉、电熨斗都很烫。

此外，摩擦、撞击和压缩空气，也都会发热；食物经过消化，燃料经过燃烧，以及原子核的破裂，也都是热的来源。

在日常生活中，我们时刻都可以发现，热不停地在奔走旅行。从太阳怀里跑到地球身上，这是它的一次长征；从火炉里跑到房间的每一个角落，从开水锅底跑到水面，这是它短距离的赛跑。

热是怎样在旅行的呢？经过科学家的分析，热的旅行有三种途径，这就是说，有三种方法可以传热。

第一种方法叫作接触传热。

如果你用手来摸烧红的铁板，你就会大声叫"烫"；如果你光着脚在太阳晒热的水泥地上走动，你就会觉得脚底非常热。这些都是接触传热的表现。

如果你拿一瓶热水放在冰块上冰，这一瓶热水很快就变冷了，变成冰水了，这也是接触传热的一个例子——热水接触冰块而失去它的热。

在接触传热中，热的旅行，都是从热的物体身上跑到冷的物体身上去的，一直到这两种物体之间的温度相等为止。

不论固体、液体和气体，都能接触传热，而以固体传热显得最为便当。

在固体的行列中，金属的传热最快，是最好的导热体；木头、布、橡皮、纸都不善于传热，都是阻热体，而非导热体。所以炉子和锅子的手柄，都是用木头或橡皮做成的。

不流动的空气也不善于传热，因而在建造房屋的时候，为了御寒和防热，常用两层玻璃窗。

第二种传热的方法是流动传热。

水的流动和空气的流动都可以传热。

把水放在玻璃器皿里加热烧开，我们就会观察到热水上升，

冷水下降。这就是水流动传热的表现。

空气动荡而成风，不论大风或是微风，都是热空气和冷空气对流的结果。这就是空气流动传热的表现。

一般现代化的房屋，都开辟有上下两个窗口，以流通空气，让热空气从上面的窗口奔出去，让新鲜的冷空气从下面的窗口流进来。

但是，在人口众多的房间里，例如电影院和大礼堂，这样的装置还不够用，就必须有通风设备，用电扇来鼓动空气，使它尽量地流通。

第三种传热的方法，就是辐射传热（向周围放射热气）。

每一种发热体，都不断地向四面八方放射出它的热。辐射传热，是不依靠实物的，就是在真空中也能进行。太阳的热和光以及其他各种辐射都一直不停地穿过 15000 万千米的真空区域，才到达地球的表面，费时不过八分钟。它除了把热传给地球和它所遇到的别的东西以外，并不把任何一点热留给真空。

火也是一种发热体，它也是向四面八方放射它的热的。所以在灭火工作中，救火队员不得不戴上面具和披上保护衣，以避免火焰热气的威胁。

这些都是热的旅行的秘密。当人们掌握了这些秘密之后，在御寒和防热的斗争中，就能取得不断的胜利。

温度和温度计

一种东西，无论是固体、液体和气体，一般说来，遇到热就会膨胀，遇到冷就会收缩，这道理是大家都明白的。

温度计的制造，就是利用这个道理。

温度计又叫作"寒暑表"，它是测量热和冷的工具。

温度是什么呢？它不是一种能，而是热和冷的计算；它不是计算一种东西所含的热量，而是计算热和冷的程度。比如，一块砖和半块砖的温度是相等的，而一块砖所含的热量比半块砖所含的热量多出一倍。

冰的温度，要算是很低的了，但是它也含有一定的热量，不过它的热量是微不足道的。

人们对于热和冷的感觉是相对的，如果你把手泡在热水里，再泡在温水里，你就会感觉到温水是冷的。如果你把手泡在冰水里，再泡在温水里，你就会感觉到温水是热的。手不是温度计，它不能正确地测验水的温度。

普通的温度计都是用水银或酒精制造的。制造的方法是拿一根一头吹成小泡泡的玻璃管，把水银或酒精装在这小泡泡里，加热让水银或酒精上升，赶走玻璃管里的空气，封闭管口，等到冷却，水银或酒精就要下降，留下真空，然后再划分度数，温度计就制造成功了。

一般说来，水银是不适合于测验冰点以下的温度的，因为它比较容易凝结，所以要测验冰点以下的温度，用酒精温度计较为合适。

相反，酒精是不适合于测验沸点以上的温度的，因为酒精比较容易煮沸，所以要测验沸点以上的温度，用水银温度计较为合适。

怎样划分度数呢？最常用的划分度数的方法是华氏和摄氏两种。

把温度计的下半截浸在冰水里，让水银下降到不能再下降的地方，画一道线，这就是冰点。这在华氏是零上32度，在摄氏是0度。再把温度计的下半截浸在沸水里，让水银上升到不能再上升的地方，画一道线，这就是沸点。这在华氏是212度，在摄氏是100度。在冰点和沸点之间，再划分度数。华氏把这个距离分作180度，摄氏把这个距离分作100度。

因为玻璃管容易破碎，所以在工业上所用的温度计都用金属来代替玻璃，尤其是在测验高温的时候。

南极探险家所遭遇到的温度，应当是很冷的了，但还有比这更冷的温度。最冷的温度是绝对零度，这在华氏是零下459.67度，在摄氏是零下273.15度。但是一直到现在，科学家的测验还不能达到绝对零度，只能达到比绝对零度还高一点点。

那么在绝对零度之下，物质是什么样的情况呢？还没有人做过肯定的回答。有的人说：在绝对零度之下，生命是不会存在的，就是最坚固的钢，也要变成碎粉，所有的电流，都可以在电线上毫无阻碍地通过。也有人说：在绝对零度之下，任何物质也不存在，只有真正的空间。

绝对零度的研究，对工业的发展是有极大的帮助的，它将为未来的科学开辟广阔的道路。

从历史的窗口看技术革命

距今70万~23万年，我们的祖先北京猿人就开始用火了。不过，他们用的还是野火。

火的发明，是人类征服自然的开端。火不但给黑夜带来了光明，给寒冷带来了温暖，人们还利用它来驱赶野兽，把生肉烤成熟肉吃。

这时候，人们还制造了一些粗笨的劳动工具，如石刀、石斧等。

这是石器时代。

这之后，人们学会了钻木取火，又逐渐学会了烧制陶器、冶炼金属。

于是就有了陶器、铜器和铁器的出现。

这些石器、铜器和铁器都是极简单的劳动工具，他们要靠双手的力气来和自然做斗争，如打猎、打铁、耕田、锄地、搬东西等。

这还谈不上什么技术。

人们不能满足于只靠一双手使用工具和自然斗争。在寻找劳动助手的时候，人们首先利用了畜力。在二千五六百年前，我国历史上所说的春秋时代，就使用马拉车、牛拉铁犁耕田了。

后来又渐渐学会了利用水力和风力。

在一千六七百年前，我国历史上所说的东汉末年，就发明了水力机和风力机，当时东方的古国如埃及等，也有了这些东西。水力机和风力机都能带动别的工具和机器工作。

这是技术的萌芽时代。

1000多年前，水力机和风力机从东方传到了欧洲，大受欧洲人的欢迎。他们逐步地加以改良。到了18世纪，英国人和俄国人都能制造相当精巧的水力机，并且用它们来转动工厂里的机器。

后来，工业技术继续发展，机器的花样越来越多，不能光靠水力和风力来发动了。

于是就有人想起了利用蒸汽。蒸汽的力量非常强大，一锅水沸腾起来，若全部变成水蒸气，可以变成1600锅。

假如把一锅水关闭在一个密封的器具里，让它变成水蒸气，通过导管进入汽缸，就会冲动汽缸里的活塞，使它来回移动，这样就能带动各种机器工作。

这就是蒸汽机。英国发明家瓦特于1765年对当时已出现的原始蒸汽机做了重大改进，在他以前，曾有许多发明家对于蒸汽机的构造都有过贡献。

俄国的发明家波尔祖诺夫，就在1765年制成第一架完全可以适用于工厂生产的蒸汽机，可是，没有引起沙皇政府的重视，不幸被埋没了。

蒸汽机的发明，是大生产时代的开始。从此，工厂林立，铁路纵横，世界面貌为之一新。

但是呀，蒸汽机的锅炉又大又笨重，有些地方用起来很不方便。

于是又有人在想：能不能把燃料直接放在汽缸里燃烧呢？

他们看到炮弹躺在大炮的胸膛里，点起引线，就会爆炸发射出去，飞得很远很远。他们就得到了启发，为什么不能把汽缸当

作大炮，拿活塞代替炮弹？

于是就发明了内燃机。内燃机不用笨重的煤炭做燃料，而是用煤气或是汽油和柴油所挥发出来的气体。

随着内燃机的发明，汽车、飞机、坦克车和拖拉机等也都创造出来了。

内燃机对于人类的贡献不算小。<u>从前用旧式犁需要耕一天的地，现在用拖拉机几分钟就耕好了；从前步行需要十天左右的路程，现在乘飞机个把钟头就可以飞到了。</u>

轮船、火车、汽车、坦克车、拖拉机、飞机等都得用钢铁来制造，所以人们又把我们现在所处的这个时代叫作"钢的时代"。

电和火一样，早就引起人们的注意了。直到 16 世纪，人们对于电的现象，才开始有了正确的认识。

18 世纪，科学家发明了避雷针之后，人们就积极想办法用人工的方法制造电。

有许多科学家，如意大利的伽伐尼和伏打、俄国的彼得罗夫、法国的安培等，他们对于电流的研究都有不少贡献。而以英国的一个铁匠的儿子叫作法拉第，为研究电流最有成绩的一人，他在 1831 年，发明了电动机和发电机。

电动机能转动机器，发电机能发出电

读懂说明方法

做比较：用旧式犁和拖拉机耕种同样的地所需的时间进行对比，用同样的路程步行所需的时间和飞机所需的时间进行对比，使各自的特征更加鲜明，更突出了内燃机给人类生活带来的巨大变化。

流，于是电报、电话、电灯、电车等都相继发明出来了。现在许多地方都有发电站，人们利用火力、水力、风力和其他一切自然力都可以发电，这比内燃机更方便得多了。

19世纪末，人们又发明了无线电。人们利用无线电波通过空间来传播声音和影像，来远距离控制和操纵机器。

于是无线电报、无线电话、无线电广播、电视和雷达等都陆续出现了。世界科学技术又迈进了一大步。

三十多年前，人类又掌握了一种新的巨大的自然力量——原子能，这是原子核裂变的时候所放出的大量的能。它比火力要强大一百万倍到一千万倍，一千克铀块所放出来的原子能就等于烧掉二三千吨煤。

如果把原子能用到工农业生产和交通运输上，一定会引起技术上更大的革命。这样，从石器、铜器、铁器到钢，从手工具、半机械化、机械化到自动化，从火的发明到蒸汽机、内燃机、电动机和原子能的出现，技术的发展走过一段漫长的路程，但是人类终于依靠自己的劳动，逐步地提高了物质和文化生活的水平。

最近，人类人造地球卫星发射成功，是人类和自然斗争的又一次空前伟大的胜利。科学技术越来越发达，人类的前途越来越光明。

土 壤 世 界

土壤——绿色植物的工厂

在一般人的心目中，土壤没有受到应有的重视。有些人认为：土壤就是肮脏的泥土，它是死气沉沉的东西，静伏在我们的脚下不动，并且和一切腐败的物质同流合污。

这种轻视土壤的思想，是和轻视劳动的态度联在一起的。这是对土壤极大的诬蔑。

在我们劳动人民的眼光里，土壤是庄稼最好的朋友。要使庄稼长得好，要多打粮食，就得在土壤身上多下点功夫。

要知道，土壤和阳光、空气、水一样，都是生命的源泉。"万物土中生"，这是我国一句老话。苏联作家伊林，也曾把土壤叫作"奇异的仓库"。

不错，土壤的确是生产的能手，它对于人类生活的贡献非常大。我们的衣、食、住、行和其他生活资料都靠它供应。它给我们生产粮食、棉花、蔬菜、水果、饲料、木材和工业原料。

老实说，没有土壤我们就不能生存。

因此，我们要很好地去认识土壤，了解它，爱护它。

土壤是制造绿色植物的工厂，它对于植物的生活负有大部分的责任，它是植物水分和养料的供应者。

纯粹的泥土，没有水分和养料的泥土，不能叫作土壤。土壤这个概念，是和它的肥力分不开的。

肥力就是生长植物的能力，就是水分和养料。这些水分和养料，被植物的根系吸取，通过叶绿素的光合作用，在阳光照耀之下，它们会同空气中的二氧化碳，变成植物的有机质。

能生长植物的泥土，就叫作土壤。这是苏联伟大的土壤学家威廉士给土壤所下的科学定义。他说："当我们谈到土壤时，应该把它理解为地球上陆地的松软表面地层，能够生长植物的表层。"

肥沃性是土壤的特点，它随着环境条件的改变经常不断地发生着变化。

有的土壤肥沃，有的土壤贫瘠。

肥沃的土壤是丰收的保证；贫瘠的土壤给我们带来不幸的歉年。

土壤一旦失去肥力，不能生长植物，就变成毫无价值的泥土而不再是土壤了。

土壤是大试验室、大工厂、大战场。在这儿，经常不断地进行着物理、化学和生物学的变化；在这儿，昼夜不息地进行着破坏和建设两大工程；在这儿，也进行着生和死的搏斗、生物和非生物的大混战，情况非常热烈而紧张。

在参加作战的行列中，有矿物部队，如各种无机盐；有植物部队，如枯草、落叶和各种植物的根；有动物部队，如蚂蚁、蚯蚓和各种昆虫以及腐烂的尸体；有微生物部队，如原虫、藻类、真菌、放线菌和鼎鼎大名的细菌等。此外，还有水的部队和空气部队。所以有人说："土壤是死自然和活自然的统一体。"这句话真不错。

自从人类进入这个大战场之后，人就变成决定土壤命运的主人。

人类向土壤进行一系列的有计划的战斗，例如耕作、灌溉、施肥和合理轮作等。于是，土壤开始为农业生产服务，不能不听人的指挥，服从人的意志了。这样，土壤就变成了人类劳动的产物，为人类造福。

土壤是怎样形成的

大约几万万年以前，当地球还是非常年轻的时候，地面上尽是高山和岩石，既没有平地，也没有泥土。大地上是一片寂寞荒凉的景象，毫无生命的气息。

白天，烈日当空，石头被晒得又热又烫；晚上，受着寒气的袭击，骤然变冷。夏天和冬天相差得更厉害。几千万年过去了，这一热一冷，一胀一缩，终于使石头产生了裂缝。

有的时候，阴云密布、大雨滂沱，雨水冲进了石头裂缝里面，有一部分石头就被溶解。

到了寒冷的季节，水凝结成冰，冰的体积比水的体积大，更容易把石头胀破。

狂风吹起来了，像疯子一样，吹得飞沙走石；连大石头都摇动了。

还有冰川的作用，也给石头施上很大的压力，使它们破碎。

就是这样：风吹、雨打、太阳晒和冰川的作用，几千万年过去了，石头从山上滚落下来，大石块变成小石块，小石块变成石子，石子变成砂子，砂子变成泥土。

这些砂子和泥土，被大水冲刷下来，慢慢地沉积在山谷里，日子久了，山谷就变成平地。从此，漫山遍野都是泥土。这是风化过程。

但是泥土还不是土壤，泥土只是制作土壤的原料。要想泥土变成土壤，还得经过生物界的劳动。

首先，是微生物的劳动。

微生物是第一批土壤的劳动者。在生命开始的那一天，它们就参加建设土壤的工作了。微生物是极小极小的生物，它们的代表是原虫、藻类、真菌、放线菌和鼎鼎大名的细菌。

这些微生物繁殖力非常强，只要有一点点水分和养料，就会迅速地繁殖起来。它们对于养料的要求并不高，有的时候有点硫黄或铁粉就可以充饥；有的时候能吸取到空气中的氮也可以养活自己，于是泥土里就有了氮的化合物的成分。同时，泥土也变得疏松了些。这是泥土变成土壤的第一步。

但是，微生物的身子很小，它们的能力究竟有限，不能改变泥土的整个面貌，只能为比它们大一点的生物铺平生活的道路。经过若干年以后，另外一种比较高级的生物——像地衣之类的东西就在泥土里出现了。它们的生活条件稍微高一点，它们死后，泥土里的有机质和腐殖质的成分又多了一些，泥土也变得更肥沃一些。

随着生物的进化，苔藓类和羊齿类的植物相继出现了。

每一次更高一级的生物的出现，都给泥土带来了新的有机质和腐殖质的内容。

这样，慢慢地，一步一步地，泥土就变成了土壤。

如果没有生物界的劳动，泥土变成土壤，是不能想象的。

不过，在不同的地方，不同的泥土、不同的气候、不同的地

形和不同的生物，都会影响土壤的性质。

对于植物的生活来说，随着自然的发展，有时候土壤会变得更加肥沃；有时候土壤也会变得贫瘠。

农民带着锄头和犁耙来同土壤打交道，要它们生产什么，就生产什么；要它们生产多少，就生产多少。在人的管理下，土壤不断地向前革命。

在我们社会主义国家里，土壤的情绪是非常饱满而乐观的，它们都以忘我的劳动为农业生产服务。

什么决定土壤的性质

土壤的种类繁多，名称不一，有什么黑钙土、栗钙土、红壤、黄壤之类奇异的名称。这些不同名称的土壤，各有不同的性质，有的非常肥沃，有的十分贫瘠。

决定土壤性质的有五种因素，这些就是：母质、气候、地形、生物和土壤年龄。

首先谈母质。

母质又叫作生土，它们是土壤的父母，岩石的儿女。土壤都是由母质变来的，母质又都是从岩石变来的。

地球上岩石的种类也很多：有白色的石英岩；有灰色的石灰岩；有斑斑点点的花岗岩；有一片一片的云母岩；等等。这些不同的岩石，是由不同的矿物组成的。不同的矿物具有不同的性质，有的容易分解和溶解，有的比较难，它们的化学成分也不相同。

母质既然是岩石的儿女，它们的化学成分既受岩石的影响，又转过来影响土壤质量的好坏。例如：母质所含的碳酸盐越多，土壤也就越肥沃；相反，如果碳酸盐缺少，土壤就变得贫瘠。

母质——土壤的父母，它们的密度、多孔性和导热性也影响土壤的性质。如果母质是疏松多孔又容易导热，就能使土壤里有充分的空气和水分，那么土壤的肥沃性就有了保证。

其次谈气候。

不同的地区，有不同的气候。风、湿度、蒸发的作用、温度和雨量，都是气候的要素，它们都会影响土壤的性质。其中以温度和雨量的作用更为显著。温度越高，土壤里的物理、化学和生物学的变化就进行得越快；温度越低就进行得越慢。雨量越多，土壤里淋洗的作用就越强，很多的无机盐和腐殖质就会被带走。雨量越少，土壤就会变得越干燥，淋洗作用也减弱。

再次谈地形。

地形的不同，对于土壤的性质也有很大影响。这是由于气候和地形的关系很密切，往往由于一山之隔，山前山后，山上山下的气候都不相同。一般说来：地势越高，气候越冷；地势越低，气候越热；背阴的地方冷，向阳的地方热。如果是斜坡，土壤容易滑下来，土层就不厚；如果是洼地，土粒就很容易聚集起来，土层就堆得厚。地势越高，地下水越深；地势越低，地下水离地面越近。

所以，由于地形的不同，影响了土壤的性质，使有些地方植物生长得很好，有些地方植物生长得不好。

复次谈生物。

生物界对于土壤的影响是很大的，它们的行列中有植物、动物和微生物。

植物是土壤养料的蓄积者，它们的遗体留在土中，可以增加土壤有机质和腐殖质的成分，以供微生物活动的需要。植物的根还会分泌带有酸性的化合物，可以使土壤中难于分解的矿物质得到分解。

植物的覆盖，可以改变气候，可以使土壤的性质发生变化。例如：森林能缓和风力，积蓄雨水和雪水，润湿空气，减少土壤的蒸发。

动物中如蚯蚓、蚂蚁和各种昆虫的幼虫，也都是土壤的建设者，它们在土壤里窜来窜去，经过它们的活动，就会使土粒松软。

微生物对于土壤的性质影响更大。微生物的代表有原虫、藻类、真菌、放线菌和细菌，它们一面破坏复杂的有机物，一面建设简单的无机盐，促进了土壤的变化，使植物能得到更多的养料。它们之中，以细菌最为活跃，细菌不但是空气中氮素的固定者，它们还经常和豆科植物合作，把更多的氮素固定起来，使土壤肥沃，就是它们死后的残体也变成了植物的养料。

最后谈土壤年龄。

土壤的年龄有大有小。土壤从它的发生到现在，一直都在变化和发展。它由一种土壤变成另一种不同的土壤，因而土壤的年龄和它的性质是有关系的。土壤越老，它的内容越复杂。

以上五种因素，对于土壤的性质都有影响。但是，它们都可以由人类来控制。人类向大自然进军的目的，就是要改变土壤的性质，用人的劳动来控制土壤发展的方向，使它能更好地为农业生产服务。

水 的 改 造

　　水，在它的漫长旅途中，走过曲折蜿蜒的道路，它和外界环境的关系是错综复杂的，因而水里时常含有各种杂质，杂质越多水就越污浊，杂质越少水就越清净。

　　纯洁毫无杂质的水，在自然界中是没有的，只有人工制造的蒸馏水，才是最纯洁的水。蒸馏的方法是：把水煮开，让水蒸气通过冷凝管重新变成水，再收留在无菌的瓶罐中，这样，所有的杂质都清除了。蒸馏水在化学上的用途很广，化学家离不开它；在医院里、在药房里、在大轮船上，它也有广泛的应用。

　　水里面所含的杂质如果混有病菌或病原虫，特别是伤寒、霍乱、痢疾之类的病菌，那就十分危险了。所以没有经过消毒的水，再渴也不要喝。

　　为了保证居民的饮水卫生，水的检查就成为现代公共卫生的一项重要措施。在大城市里，水每天都要受到化学和细菌学的检验，这是非常必要的。在农村里，井水和泉水最好也能每隔几个月检验一次。

　　水经过检查以后，还必须进行一系列的清洁处理。我们的水源有时混进粪污和垃圾，这就是危险的根源。

　　一般来说，上游的水比下游的水干净，井、泉的水比江、河的水干净，雨水又比地面的水干净。

　　江河的水都是拖泥带沙，十分混浊，所以第一步要先把水引进蓄水池或水库里聚集起来，让它在那儿停留几个星期到几个月之久，使那些泥沙都沉积到水底，水里的细菌就会大大地减少。

　　但是，总免不了有一些微小的污浊物沉不下去，这就需要用凝固和过滤的方法，把它们清除掉。

　　凝固的方法：把明矾或氨投在水中，所有不沉的杂质都会凝结成胶状的东西被清除出去。

　　过滤的方法：强迫污浊的水通过沙滤变成清水。这样做，有百分之九十的细菌都被拦住。

　　至于还有一些漏网的细菌，那就必须进一步想办法加以扑灭。

　　这就是空气澄清法和氯气消毒法。

　　空气澄清法，就是把水喷到空中，让日光和空气把它澄清。

　　氯气消毒法，就是用氯气来对水进行消毒。氯气是一种绿黄色的气体，化学家用冷却和压缩的方法把它制成液体。氯气有毒，但是，一百万份水里加进四五份液体氯，对于人体和其他动物是无害的，而细菌却被完全消灭了。

　　氯气在水里有气味，有些人喝不惯这样的水。后来有人提倡用紫外光线来杀菌，这样，水就没有气味了。

　　有时候，水的气味不好，是水中有某种藻类繁殖的结果。在这种情形下，我们可以在水里稍许加些硫酸铜，就能把藻类杀尽。硫酸铜这种蓝色的药品，对于人类也是有毒的，但是在3000吨水里，如果只加5公斤硫酸铜，那就没问题。

　　为了消灭水里的气味，又有人用活性炭，它能把水里的气味全部吸收，而且很容易除掉。

　　经过清洁处理的水，是怎样输送到各用户手里去的呢？它必须通过大大小小的水管，经过长途的旅行，然后才能到达每一个机关、工厂和住宅，人们把水龙头拧开，水就淙淙地奔流出来了。

由于地心引力的影响，水都是从高处流向低处的，所以蓄水池和水库必须建筑在高地上，如果用井水和泉水做水源，那就必须用抽水机把水抽送到水塔里去，水塔一定要高过附近所有的建筑物，才能保证最高一层楼的人都有水用。

衣 料 会 议

　　衣服是人体的保护者。人类的祖先，在穴居野外的时候，就懂得这个意义了。他们把骨头磨成针，拿缝好的兽皮来遮盖身体，这就是衣服的起源。

　　有了衣服，人体就不会受到灰尘、垃圾和细菌的污染而得传染病；有了衣服，外伤的危害也会减轻。衣服还帮助人体同天气做不屈不挠的斗争：它能调节体温，抵抗严寒和酷暑的进攻。在冰冷的冬天，它能防止体热发散，在炎热的夏天，它又能挡住那吓人的太阳辐射。

　　制造衣服的原料叫作衣料，衣料有各种各样的代表，它们的家庭出身和个人成分都不一样。今天，它们都聚集起来开会，让我们来认识认识它们吧。

棉花、苎麻和亚麻生长在田地里，它们的成分都是碳水化合物。棉花曾被称作"白色的金子"，它是衣料中的积极分子。从古时候起它就勤勤恳恳为人类服务（运用拟人的修辞手法，赋予棉花勤勤恳恳的性格特征，生动形象地说明了棉花对人类的巨大贡献）。人们学会了编织筐子和席子以后不久，也就学会了用棉花来纺纱织布了。

从手工业到机械化大生产的时代，棉花的子孙们一直都在繁忙紧张地工作着。从机器到机器，从车间到车间，它们到处飘舞着，它们来到缝纫机之前，还得到印染工厂去游历一番，然后受到广大人民的热烈欢迎。

苎麻和亚麻也是制造衣服的能手，它们曾被称作"夏天的纤维"。它们的纤维非常强韧有力，遇水也不容易腐烂，耐摩擦，散热快。它们的用途很广，能织各种高级细布，用作衣料既柔软爽身又经久耐穿。

羊毛和皮革都是以牧场为家，它们的成分都是蛋白质。

羊毛是衣料中又轻又软、经久耐用的保暖家，是制造呢料的能手。它之所以能保暖，是因为在它的结构中有空隙，可以把空气拘留（富有拟人色彩，生动贴切地写出了羊毛这种衣料的独特性，也显得通俗幽默）起来。不流动的空气原是热的不良导体，可以使内热不易发散，外寒不易侵入。

人们驯服了绵羊以后，就逐渐学会了取毛的技术。

皮革不是衣料中的正式代表，因为它不能通风，又不大能吸收水分，不能做普通衣服用。可是在衣服的家属里，有许多成员，如皮帽、皮大衣、皮背心、皮鞋等都是用它来制造的，它还经营着许多副业，如皮带、皮包、皮箱等。皮子要经过浸湿、去

毛、鞣制、染色等手续，才能变成真正有用的皮革。

像皮革一样，漆布、油布、橡皮布也不是正式代表，它们却有一些特别用途，那就是制造雨衣、雨帽和雨伞。

蚕丝是衣料中的漂亮人物，也是纤维中的杰出人才，它曾被称作"纤维皇后"。它来自养蚕之家，它的个人成分也是蛋白质。蚕吃饱了桑叶，发育长大后，就从下唇的小孔里吐出一种黏液，见了空气，黏液便结成美丽的丝。蚕丝在自然界中是最细最长的纤维之一，富有光泽，非常坚韧而又柔软，也能吸收水分。

利用蚕丝，首先应当归功于我们伟大祖先黄帝的妻子——嫘祖。这是 4500 多年前的事，她教会了妇女们养蚕抽丝的技术，她们用蚕丝织成绸子。其实，有关嫘祖的故事只是一个美丽的传说，真正发明织绸的，是我国古代的劳动人民。随着劳动人民在这方面的经验和成就的不断积累提高，蚕丝事业在我国发达起来。我国的丝绸很早就开始出口了，西汉以后成了主要的出口物资之一，给祖国带来了很大的荣誉。

在现代人民的生活里，人们对衣服的要求是多种多样的，而且还要物美价廉，一般的丝织品和毛织品还不能达到这样的要求，人们正在为寻找更经济、更美观的新衣料而努力着。

近年来，在市场上，出现了各种人造丝、人造棉、人造皮革和人造羊毛，这些都是衣料会议中的特邀代表。

人造丝来自森林，人造棉来自木材和野生纤维，人造皮革和人造羊毛来自石油城。

衣料会议中，有一位最年轻的代表，它的名字叫作无纺布，它来自化学工厂，这是世界纺织工业中带有革命性的最新成就。这种布做成衣服能使我们感到更轻便、更舒服、更保暖防热、更丰富多彩，也更经济。

无纺布还被称作"不织的布"，可以用两种方法来生产。第一种是缝合法，把棉、毛、麻、丝等纺织用的原料梳成纤维网，经过反复折叠变成絮层，然后再缝合成布。第二种是黏合法，把纤维网变成絮层，再用橡胶液喷在絮层上制成布。

无纺布是第二次世界大战后的新产品，因为它能利用低级原料，产量高而成本低，还能制造一般纺织工业目前不能制造的品种，所以世界各国都很重视它的发展，它的新品种在不断地出现。

衣料代表真是济济一堂（把衣料比拟成人，生动风趣地说明了衣料种类众多、功用不凡）。

在闭幕那一天，它们通过了两项决议。

它们号召：衣服不要做得太紧，也不要做得太宽。衣服太紧了会压迫身体内部的器官，妨碍肠管的蠕动和血液流通；太宽了妨碍动作而且不能起保暖的作用。

它们呼吁：衣服要勤换洗，要经常拿出来晒晒太阳，以免细菌繁殖；在收藏起来的时候，还得加些樟脑片或卫生球，预防蛀虫侵蚀。保护衣服就是保护自己的身体。

光和色的表演

节日的首都，艳装盛服，打扮得格外漂亮。到了晚上，各种灯光交相辉映，天安门前焰火大放，更显得光辉灿烂，美丽夺目。这正是光和色大表演的时候。

光来自发光体，这些发光体，有的是天然的，有的是人工的。对于居住在地球上的人来说，最主要的发光体就是太阳。天空里还有无数的恒星，有的比太阳还要庞大而光亮，但是它们离我们的地球都太远了。自然界里虽然还有许多微小的发光体如萤火虫、海底发光的鱼类、发光的细菌以及几种放射性元素，但是它们必须在黑暗中才能显现出来。

在晚上，我们就需要依靠人工发光体——灯火之光——来照明了。暴风雨中的闪电，虽然也是一种发光，但它不能持久。月亮就不是发光体，它的光是太阳所反射出来的。

光从发光体出发，在旅途中，受到各种物质的欢迎。有些物质是透明体，如空气、玻璃和胶片，光射到它们的身上，照例是通行无阻的。有些物质是半透明体，如雾、磨光玻璃和玻璃砖，光到了那里，一部分被反射，一部分被吸收，还有一部分是溜过去了。有些物质是不透明体，如木头、厚布、石板和金属，在这里，光的进军就受到完全的阻挠，不是被反射，就是被吸收。这是光在行进中的三种遭遇。

光遇到平滑的镜子，它的脚步是非常整齐的，因而镜中能留下物影，这是它最惊人的表现；光遇到粗糙的表面，就不是这样。

镜是光的助手，在凹面镜的大力支持下，光的强度是加大了，从小小的手电筒到大大的探照灯，都是利用了这个原理，光变得威风凛凛了。

色是光的女儿，如果让太阳的光线穿过三棱镜，光受到了曲折，就会呈现出一条美丽的色系，由大红而金黄，而黄，而绿，而靛青，而蓝，而紫，这是色的七个姊妹。红以下，紫以外，因为光波太长或太短的缘故，不得而见了。如果我们仔细观察一下，还有许多中间色，这些都是色的儿女，这些色混合在一起，会化作一道白光。

大雨过后，这七个姊妹常常在天空出现，十分美丽，这时候人们把它们叫作"虹"。

人们对于色的知觉，可以分作两派，一派是无色，一派是有色。

无色派就是黑与白及中间的灰色。

有色派就是太阳光色系中的各色，再加上各种混合色，如橄榄色和褐色之类。

有色派又分作两小派，一小派是正色，一小派是杂色。

火焰和血的狂流，都是热烈的殷红；晴朗的天空、海洋的水，都是伟大的蓝；大地上不是一片青青的草、绿绿的叶，就是一片黄黄的沙、紫紫的石，这些都是正色。

傍晚和黎明的霓霞、花儿的瓣、鸟儿的羽、蝴蝶的翅、金鱼的鳞，乃至于化学药品展览室里一瓶一瓶新发明的奇怪染料，这

些都是杂色。

人们对于色都有好感。彩色的图画、彩色的电影和彩色的电视，都赢得了观众不少的好评。国庆节的礼花，这是铅、镁、钠、锶、钡、铜等各种金属燃烧后所放出的光和色的联合大表演，更是美丽动人，能使人欢欣鼓舞、精神振奋，进入诗的境界。

血 的 冷 暖

在动物世界里，有冷血和暖血动物之分，这种区别究竟在哪里呢？

为了回答这个问题，得先追查一下，动物身上的热气是从什么地方产生出来的。

有些人认为：热大半都是由摩擦而发生；动物身上的热气，也是血液和血管之间的摩擦而产生的。

这种说法，一直到 18 世纪末叶，还盘踞在人们的脑子里。

直到氧发现后不久，法国化学家拉瓦锡才指出：动物的热气，也是一种燃烧或氧化作用。他认为：生理上氧化作用的地点是在肺部，血液一到了肺部，它所含有的碳水化合物就和吸进去的氧化合，产生了水和二氧化碳，同时放出了大量的热。

后来，生理学者的实验又证明了：体热的发生，应当归功于全身血液，不仅限于肺。

又经过多年的争论，科学界才一致公认：体热也不是单单从血液里产生，而是由全体细胞负责。氧运到了各细胞里，才开始氧化而产生热。血液所担任的只是运输和分配的工作，由于它的循环流动，就能把过剩的热送到过冷的部位去，互相调整。

除了生病发烧以外，动物的身体都能经常保持一定的温度。这是由于它们的体内有一种管束体温的机能。

　　以上的结论，是由观察暖血动物而得来的。至于冷血动物呢？它为什么有这样的称呼呢？是不是因为它的身体都是冷冰冰的，就没有一丝热气呢？

　　一般说来，动物的血液所以有冷暖之分，是根据它们的体温和外界空气的比较而定。那么，人和鸟兽之类的动物，号称暖血，是不是它们的血液比空气热呢？爬虫、青蛙和鱼之类的动物，号称冷血，是不是它们的血液比空气冷呢？事情不是这样简单。暖血动物的体温，不受环境的影响，不论是在夏天还是在冬天，不论四周空气是比身体热还是冷，它们的体温都不会发生什么变化。所以暖血动物不如叫作有恒体温的动物。

　　冷血动物的体温就有伸缩性了。在冬天，它们的体温常常是低的，低到和四周的空气或水相近；在夏天，环境的温度加高，它们的体温也随着上升。它们在冷的环境中，才变成冷血了，所以还不如叫作无恒体温的动物。

　　暖血动物能维持一定的体温，是由于它们氧化的力量很强盛，而且具有管束体温的机能。

　　冷血动物的氧化力量薄弱，又没有管束体温的机能，即使有，也不十分发达。

　　还有冬眠动物，它们的体温介于暖血和冷血之间，也具有管束体温的机能，在平常的日子里，都能维持一定的体温，但遇到极冷的时候，它们就不能支持了。所以在冬眠期间，它们的体温几乎和周围的空气一样。

　　勤劳的蜜蜂过着集体生活，它的蜂群有时候被称作昆虫中的暖血者，这是由于它们的辛勤劳动产生了热气，能调节和维持蜂巢内的温度。

恶毒的蛇，是爬虫类的后代，它们的体温有时比环境只高出2℃~8℃。有的爬虫也略具有管束体温的机能，可以防止体温升得太高。例如它们一到了太热的时候，就不得不喘气，喘气就是把肺里的水分蒸发了，于是热就消失不少。

总的说来，动物所以有暖血和冷血之分，是由于它们对于环境气候的反应存在着生理上的分歧。

星际航行家离开地球以前

两年多以来，人类成功发射了三颗人造地球卫星和三个宇宙火箭，这些都是星际旅行的开路先锋，它们都带有各种科学测量仪器，通过无线电，把宇宙空间的科学情报传送给地面的接收站。

相信不久之后，人类将要发射带人的火箭，人飞往月球和其他星球去的愿望，就要从幻想变成现实了。

发射一个带有科学仪器的火箭，已经不是一件简单的事，发射一个带人的火箭，就更加不容易了。

小朋友们都想知道，这带人的火箭船，在起飞以前，还存在着哪些重要问题需要解决呢？

从生理学的眼光看去，星际旅行家首先要遇到的困难就是超重的问题。

一个人从初生到老年，他的体重随时都在变化，不过，这些变化是极其缓慢的，不容易觉察，如果你坐着火箭船上升的时候，情形就不同了，在开头的十几分钟之内，你就会马上觉得自己的手和脚都变得非常沉重，你的体重突然增加了十几倍，这就是超重的现象。这是因为，火箭船起飞的速度非常猛烈，地心的引力突然增加了十几倍，如果你原来只有 50 公斤重，现在你就要变成 700 多公斤重的大胖子了。

这样一来，你的大脑皮层的正常活动，就要受到破坏，陷入昏迷状态；你就会失去知觉，呼吸短促，最后心脏也停止了跳动。

所以星际旅行家们，必须受过严格的有计划的飞行训练，以提高他们对于超重的适应能力。火箭船上也必须安装专门的防护设备，来抵消地心引力的影响。

火箭船继续上升，地心的引力逐渐缩小，人就觉得体重越来越轻，轻到只剩下几公斤了，如果船舱内没有特别的装置，你的身体只要摇动一下，就会像羽毛球一样蹦跳起来，飘来飘去，这就是失重的现象。这种现象对于人体来说，虽然不会产生什么有害的影响，人的动作也并不因此而失调，但也给乘客们带来很大的不便，所以，在火箭船上要有防御失重的设备。

人生活在地球的表面，也就是大气的底层，周围都充满着空气。由于地心引力的影响，空气是具有重量和压力的。在一般的情况下，气压的变化不大，大约是在720~770毫米汞柱之间，因此人也就能够经受得起。

随着火箭船的上升，气压就变得越来越低，低到只有240毫米汞柱以下的时候，人就要受不了啦；低到零度的时候，全身的水分都要蒸发。如果没有防护的设备，生命就难保了。

科学家已经发明了利用特种金属材料做成的高度密闭化的船舱，这样就可以保持正常的气压。

宇宙的空间，是各种辐射线的战场。火箭船越升越高，这些辐射线的作用就越来越强大，它们的穿透力都很厉害，对人体细胞能产生破坏的作用，如果不设法避免，生命就危险了。

除了这些外来的因素对于人体发生直接的影响之外，人坐着

火箭船上升的时候，还必须解决呼吸和饮食两个问题。

人一刻也不能离开呼吸而生存，所以在火箭船的密闭船舱里，就必须备有供给氧气的装置，利用压缩氧就能保证人体源源不断地得到氧的供应。

人体还不断地排出二氧化碳和水蒸气，如果它们没有适当的出路，就会在密闭的船舱内越聚越多，万一二氧化碳在空气里的含量超过 20%，人就会窒息而死。该怎么办呢？为了防止这个事故，化学家发明了一种石棉的化合物，能够吸收大量的二氧化碳和水蒸气；生物学家正在研究一种更好的办法，这就是利用植物的光合作用，既能吸收二氧化碳又能放出氧气，这种植物就是单细胞藻类。

这种藻类有很高的营养价值，蛋白质和维生素都非常丰富，还可以制成粉末，充当星际旅行家的食粮。真是一举数得。

有了科学家们的不断努力，星际旅行家所遇到的种种困难，都能一一克服，人类飞出地球去的日子，不必等待太久了。

谈 寿 命

地球上的生命活动，远在数亿年以前就开始了。最初的生命，以蛋白质分子的身份出现在原始的海洋里。

往后，越来越多的原始生物，包括细菌、藻类和以变形虫为首的单细胞动物集团，一批又一批地登上生命的舞台。

这些原始生物，都是用分裂的方法来繁殖自己的后代的。一个母细胞变成两个子细胞之后，母体的生命就结束了，所以它们的寿命都极短暂，只能以天或小时来计算，最短的只有 15 分钟。

当单细胞动物进化到多细胞动物，寿命也就延长了。

例如大家所熟悉的蚯蚓，就能活到 10 年之久。印度洋中有一种大贝壳，重 300 千克，被称作"软体动物之王"，在无脊椎动物世界里，它创造了最高的寿命纪录，能活到 100 岁。

一般说来，昆虫的寿命都很短促。成群结队飞游在河面湖面的蜉蝣，就是以短命而著名的，它们的成虫只活几小时，可是它们的幼虫却能在水中活上几年。

蜻蜓的寿命只有一两个月，它们的幼虫能活上一年左右；蝉的寿命只有几个星期，而它们的幼虫有的竟能在土里度过 17 年的光阴。

鱼类的寿命就长得多了。人们在福州鼓山涌泉寺放生池里所见到的大鲤鱼，据说都是 100 年以上的动物；杭州西湖玉泉培养

的金鱼，也都是 30 岁以上的年纪的了。

在长寿动物的行列中，乌龟的寿命要算最长的了。英国伦敦动物园里保存着一只巨大的乌龟，也许现在还活着，它的年纪已经超过 300 岁了。听说非洲的鳄鱼，也能达到这样的高龄。

达到 100 岁以上的动物，还有苍鹰、天鹅、象以及其他少数罕见的动物；一般猛禽野兽和家禽家畜之类，它们的寿命都在 10 岁到五六十岁之间。

在一般的情况下，它们都不能尽其天年，或者为了满足人类营养的需要而被宰吃，或者因为年老力衰得不到食物而饿死，也有的因气候突变或传染病而死。至于人类的平均寿命，欧洲在黑暗的中世纪，只有 20~30 岁，这连许多高等动物的平均寿命还不如。

文艺复兴以后，这个统计数字在不断地增长着。现在有一些国家，人的平均寿命已经达到 70 多岁的标准，这个标准比一般动物的寿命都要高。现在百岁以上的健康老人也常有所闻。

在我们现代社会，对于人的关怀，是从他诞生前就开始的，因而婴儿的死亡率明显下降，各种保健制度都已建立起来。政府又大力提倡体育运动，以增强人民的体质。这一切，对于延长人们的平均寿命，都具有深远的影响。

随着医学的进步，爱国卫生运动的发展，危害人类的传染病逐渐消失，就是那可怕的癌症的防治工作也有了不少进展。

近年来，科学家对于征服衰老所做的斗争，起了鼓舞人心的作用，许多新方法给我们带来了新的希望。150 岁还不是人类寿命的极限，这句话，不能说是过分乐观的估计吧！

未来的旅行

我很荣幸地收到《环球旅行》杂志总编的来信，为了庆祝这个刊物诞生 100 周年，总编要我写一篇文章来纪念它。

旅行对于每一个人来说，都是一件愉快而有意义的事情。你到的地方越多，见闻越广，知识增加得越快，对世界的认识也更全面。国际的旅行访问，有助于促进经济和文化的交流，并且在旅行者的心里产生一种国际友谊感，这种感情，显然是国际友好合作的基础。这些都是旅行的好处。

但是，你的旅行计划不能单靠徒步来完成，必须掌握住一定的交通工具。要想到远方去旅行，只有依靠现代化的交通工具，从火车、轮船到汽车、飞机才办得到。社会的发展使越来越多的人有享受旅行的权利。

随着时代的进步，人民的生活水平不断提高，工作时间缩短，每年又有一定的假期，人人都想去旅行，旅行就不是几人、几十人、几百人的事情，而是几亿人的事，几亿人都想行动起来，这就不简单。首先，必须简化旅行的手续，让几亿人都预先来登记，说出自己的旅行目的和愿望。其次，要组织起来，有计划地集体去旅行。

再过 100 年，也许现在的火车、轮船、汽车和飞机，都要退出历史舞台，被送进古物陈列馆了。那时，地球上将出现各种类

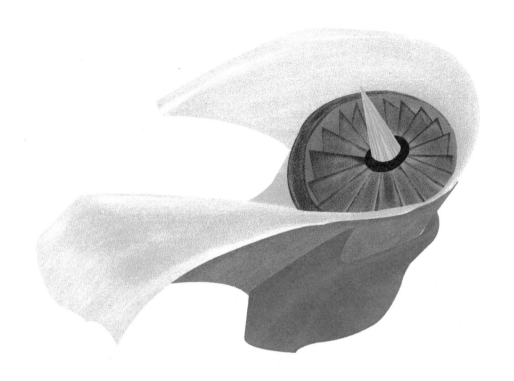

型的新的交通工具，其中最引人注目的就是水、陆、空和海底四用的原子飞船，这是一种大型交通工具，可以容纳得下几百人到几千人。它能以每小时几千千米的速度在二三十千米以外的高空飞行，在陆地上它能沿着公路前进，也能在海洋上乘风破浪，又能变成潜艇在海底活动。这种新型交通工具，是由原子发动机来开动的。

　　原子发动机不用汽油和别的燃料，而只用几千克的铀就可以了，同时对于放射性的危害防护得非常周密。

　　这种原子飞船有精密的无线电装置，可以用无线电来导航，它的一切机器都由电子计算机来管理。全部机器的零件都是用特种塑料制成的，既轻便又坚固耐用。这种飞船都装有感光的仪器，遇到面前有障碍物的时候，都会自动地更换方向或自动刹车。

　　它又有调节空气的自动设备，在任何恶劣的环境里，使温度、湿度、气压和氧气的供应都适合人体的需要。你坐在里面，夏天觉得非常凉爽，冬天觉得非常温暖。

　　在每一个座位上，你又发现有一架可视电话，你可以同你远方的亲友面对面地谈话。它又有一种陀螺仪器控制的装置，能自动消灭摇晃，使旅客免除晕船的痛苦。这样，就使旅客们产生一种安全感。

　　为了旅客的便利，世界各大城市都建立了万人大旅馆和万人大食堂，它们的设备都是自动化的。在各古迹名胜、游览胜地，也都设有旅行者之家，接待旅客的工作都做得非常周到。

　　虽然有了这些良好的工具和设备，但它们还不能满足旅行者的要求，21世纪60年代的人们对于旅行的兴趣，已经越出了地球范围。那时候，宇宙航行事业进行得非常紧张热烈，世界各地都有星际旅行服务站；地球和月球、地球和金星、地球和火星之间，已经开始定期通航；还有不少光子火箭已经发射出太阳系，到更遥远的星星世界探险；月球、金星和火星上正在大搞基本建设，准备迎接一批又一批新来的客人。

　　到了30世纪，人类的交通网将遍布宇宙空间，那时候，我想《环球旅行》杂志也要改名为《宇宙旅行》杂志了。

蜜蜂的故事

蜜蜂爱劳动是我们学习的榜样。

在蜜蜂的社会里，没有不劳而食的，如果蜂群的成员失去劳动能力，不能参加生产，对于蜜蜂的集体生活不产生任何积极作用，都要被驱逐出境。

蜜蜂过的是集体生活，它们的组织非常严密。蜂王，是母蜂，是蜂群的领导者。它管理着群蜂，大大小小的蜂儿都是它的子子孙孙。雄蜂，它们的任务是和母蜂交配，不做任何其他事情。工蜂，它们是蜂群中真正的劳动者，担任着蜂巢内外一切保卫和建设工作，从制造蜂粮到饲喂幼蜂，从保护蜂巢到清理蜂房，从采撷花蜜和花粉到采水和扇风，从酿蜜、制蜡到保持蜂房的气温，一年四季都在紧张地劳动。

蜜蜂是采蜜的小技师。在夏季主要的采蜜期，从黎明到黄昏，它们的工作非常繁忙，一刻也不休息。从蜂巢到花丛，又从花丛到蜂巢，飞来飞去，匆匆忙忙，不知道有多少万次。它们访问了所有芬芳的花朵，每一瓣花蕊都留下它们的足迹。

蜜蜂是传授花粉的能手。它们是农民的好朋友，它们把花粉敷在后腿上，到处传播，使果树结果，使农作物的产量提高。

蜜蜂是最灵巧的建筑师，到春暖花开的时候，它们就开始营造新巢。它们的建筑，都符合几何学、建筑学的规则。蜜蜂在采蜜时，如果遇到丰富的食料，它们就会在飞行中做出种种舞姿，向它们的伙伴发出信号，朝什么方向飞，在什么地方，有多长距离，有什么花朵。

蜜蜂的生活和工作，对于人类大有益处。它们酿造的蜜，富有营养价值，它们的蜡，许多工业品都要用到它，就连它们身上的毒刺，也能治疗疾病，使人延年益寿呢！

庄稼的朋友和敌人

庄稼有许多朋友和敌人。

庄稼的朋友，大多数都是化学王国的公民，有的出生在元素的大家庭；有的来自化合物的队伍，它们都是植物的生命建设者和保卫者。

这些朋友以氮、磷、钾三兄弟最受欢迎。这三兄弟就是肥料中的三宝，庄稼不能离开它们而生存，就跟不能离开水和二氧化碳一样。

没有氮，就没有蛋白质；没有蛋白质，就没有生命。如果土壤中的氮素不够，植物的茎秆就会变得矮小微弱，叶子发黄，果实减少。

没有磷，细胞核就停止工作，细胞就不能繁殖。

没有钾，光合作用就不能顺利进行，对于病虫害的抵抗力也会减弱。

所以，要提高农作物的收获量，这三种元素必须源源不断地加以补充。

除了这三种元素以外，参加植物营养供应的还有钙、硫、镁、铁、硅五位朋友。这五位朋友的需要量对于植物来说虽然不大，在一般土壤里都能找到，但它们的存在也是不可缺少的。

缺少钙，根部和叶子就不能正常发育；

缺少硫，蛋白质的构造就不能完成；

缺少镁和铁，叶绿素就要破产；

缺少硅，庄稼就不能长得壮实。

参加植物生命活动的化学元素，还有硼、铜、锌和锰这几位朋友，因为它们在植物中的含量极其微小，常被认为是杂质而不加重视，现在我们知道，这些元素朋友也是庄稼所需要的。

有了硼，庄稼就能抵抗细菌的侵袭而不会生病。大麻、亚麻、甜菜、棉花等作物尤其需要它。

有了铜，也可以使植物不生病；铜元素又是细胞内氧化过程的催化剂，有了它，大麦、小麦、燕麦、甜菜和大麻的产量就会提高。

有了锌，植物的叶子就不会发生大理石状斑纹的毛病。

有了锰，就会使土壤更加肥沃。有很多农作物，如小麦、稻子、燕麦、大麦、豌豆和苜蓿草等都需要它。

庄稼的敌人，给植物的生命以严重的威胁，给农业生产带来了莫大的灾害和损失。

第一批敌人是杂草。杂草是植物界的殖民主义者，它侵占庄稼的土地，掠夺走养料和水分，并且给农作物的收割造成巨大的困难。

庄稼在它的生命旅途中，要和 60 种以上的杂草进行斗争。这时候从化合物的队伍里来了一位庄稼的朋友，叫作生长刺激剂，是一种化学药剂，能抑制各种阔叶杂草的生长，每 15 亩土地只需要二三斤，就能把杂草的地上部分以及深达地下三分之一米的根部都毒死了，而对于农作物却毫无害处。这种化学药剂，又叫作植物生长调节剂，由于它是一种复杂的有机酸，用它可以

防止苹果树上的苹果早期脱落，又可以使番茄、茄子、黄瓜、梨和西瓜之类的植物结出无子的果实。

第二批敌人是啮齿类动物，包括黄鼠、田鼠和家鼠，它们都是谷物的侵略者。估计一头家鼠和它所繁殖的后代，一年内能够吃掉100公斤以上的粮食。在这里，从化合物队伍里又来了一位朋友，叫作磷化锌，是一种有毒的化学药剂，把它和点心混合在一起，老鼠吃了就会毙命。

第三批敌人就是害虫和病菌，也包括病毒在内。对于农业危害极大的亚洲蝗虫、甜菜的象鼻虫、黑穗病的病菌以及烟草花叶病的病毒等，都是著名的例子。

农业害虫估计共有6000种以上，每年都给粮食作物和经济作物的收成以极大的打击，亏得从化学阵营里又赶来一大批支援农业的队伍，帮助农作物战胜病虫害。例如有一种含砷（shēn）的化学药剂，叫作亚砷酸钙，它不但可以防治农作物的害虫，也可以用来防治果树的害虫。

还有许多种含铜、含硫和含汞等类的化学药剂，都有杀虫灭菌之功。

此外，自以虫治虫、以菌治虫的办法普及以来，庄稼丰收更有了保证。

庄稼有了化学和生物的朋友，就不怕生物界敌人的进攻了。

人们认清了庄稼的朋友和敌人，掌握了它们变化、发展的规律，就能发挥更大的作用，为农业生产服务。

大海的宝藏

　　滨海的居民对于海是熟悉的，人们一见大海，就会觉得海阔天空、一望无际，为之心旷神怡。大海有许多显著的特点，蕴藏着无限的资源，大海与大陆上的自然条件、人类生活和工农业生产都具有密切的关系。我国东南二面临海，大海的宝藏是亟须引起我们注意和研究的。

风云的诞生地

　　大海是风和云的诞生地。北方的寒流和南方的热浪，经常在它的上空进行搏斗，这就是风的成因；白天它受到阳光的亲吻，把水分蒸发到空中去，遇冷而凝结，这就是云的来历。这样一年四季大海担负着调节气候的工作：它缓和了大陆气候的急剧变化，它调节了地球大气的温度，使人类和动植物得到有利于生活的自然条件。

元素的归宿

　　大海是地球上各种元素的归宿。科学家分析海水的结果告诉我们：海水里至少含有 58 种元素，占地球所有元素的一半以

上。这些元素有一部分是随着河流不远万里而来的，它们有的以无机盐的身份散居在水里，有的逐渐下降成为海底沉积物，如石灰质和硅酸盐类。在沉积物的下面，海底还蕴藏着多种多样的矿产资源，如石油和天然气等。有人估计，世界上的石油约有一半是埋藏在海底的，这是一种极其丰富的自然宝藏，它的开发将给人类生活和生产带来巨大的福利和好处。大家知道，人们可以从海水里取得日常生活所需要的食盐，除了食盐之外，还可以取得各种各样的化工原料、农业肥料、建筑材料和冶金工业用的耐火材料以及锰、镁、钠、钾、钙等各种金属和尖端技术所需要的各种稀有的贵重物质，如铀、钍、锂、锶、重水、重氢等。

生命的摇篮

大海是生命的摇篮，它包含着生命所需要的各种营养物质，又有着生命所必需的生活条件，因此，几乎从每一滴海水里都能找到生物。这些生物，有的漂浮在水面，有的栖息在海底，有的在水中游泳。和陆地比较，海洋中植物种类较少，而动物种类较多。以鱼类为首的脊椎动物和其他动物界代表，如虾、蟹、贝、墨鱼、海星、海蜇、海绵等以及著名的藻类植物海带等，都是以海为家的，在海里生息。这些形形色色的生物，除了供应人类的食品以外，还可以做药品、工艺品、装饰品、香料、饲料和肥料。

动力的故乡

大海是动力的故乡。海洋的水是在永恒地运动中的。海浪的冲击，潮汐的涨落，强大的风力，海面和海底间的温差，都可以转变成为电能；海水里的重氢和钍、铀等物质，海底的石油和天然气也都是非常重要的动力资源。

此外，人们还利用海水的浮力和海水变为淡水的新技术，来解决航运问题和用水问题，使海洋更好地为人类服务。

陆地的开发久已领先，海洋的开发不免有落后之感，未来可做的事情还多着呢！

大力宣传戒烟

吸烟可能是世界上损害健康的一个最大的因素，估计得保守一点，每年至少有 100 万人死于吸烟。

烟，几乎成了世界抨击（用"抨击"一词有力地体现了人们对吸烟危害性的认识以及对烟的痛恨，突出了人们宣传戒烟的决心）的对象，戒烟宣传风行全球。烟危害之烈，是烟中的尼古丁被血液吸收而引起的。

尼古丁进入血液之后，人就会生种种病，如肺癌、动脉硬化、心脏病、气管炎等。尼古丁对身体的毒性作用是很大的。

烟中的尼古丁能够溶解在酒精里，所以对边饮酒边吸烟的人而言，尼古丁就会很快地进入他们的血液。

吸入人体的尼古丁是在肝脏解毒的，而酒精却直接破坏肝脏的解毒功能。

过滤嘴烟实际上只是一种减毒纸烟。吸过滤嘴烟，可使吸烟人受害小些、慢些，但并非无害。

过滤嘴虽能过滤一部分毒素，但是过滤嘴会使烟燃烧不充分。吸过滤嘴烟的人血液中一氧化碳含量比吸普通烟者要高 20%，因此，加过滤嘴并没有解决根本问题。

大量的资料充分地说明了，吸烟不仅对自己有害，而且烟雾弥漫，影响周围不吸烟的人。更为严重的是，妇女吸烟还危害胎

儿正常的生长发育和影响儿童的身心健康。

那么，怎样才能有效地戒烟呢？

主要应当依靠吸烟者的决心和毅力。有的人指出，服用小苏打有助于戒烟，还有各种戒烟糖和药方。总之，戒烟是有办法的，也是能够戒掉的。

我希望广大的医务工作者都要像今天的医学专家们一样，身体力行，在本地区内，采取各种不同形式，指出吸烟的害处，积极创作这方面的科普作品。同时，我们的医务工作者更要身教重于言教，在宣传吸烟有害与戒烟时，起模范带头作用。同志们，让我们共同努力，摒弃吸烟这个不良嗜好，身体健康、精力充沛地为实现四个现代化做出贡献，为祖国增光添彩，为民族扬眉吐气吧！

笑

　　随着现代医学的发展，我们对于笑的认识更加深刻了。

　　笑，是心情愉快的表现，对于健康是有益的。笑，是一种复杂的神经反射作用，当外界的一种笑料变成信号，通过感官传入大脑皮层，大脑皮层接到信号，就会立刻指挥肌肉或一部分肌肉动作起来。

　　小则嫣然一笑、笑容可掬，这不过是一种轻微的肌肉动作，一般的微笑就是这样。

　　大则是爽朗的笑、放声的笑，不仅脸部肌肉动作，就是发声器官也动作起来。捧腹大笑，手舞足蹈，甚至全身肌肉、骨骼都动员起来了。

　　笑在胸腔，能扩张胸肌，肺部加强了运动，使人呼吸正常。

　　笑在肚子里，腹肌收缩了而又张开，及时产生胃液，帮助消化，增进食欲，促进人体的新陈代谢。

　　笑在心脏，血管的肌肉加强了运动，使血液循环加强、淋巴循环加快，使人面色红润，神采奕奕。

　　笑在全身，全身肌肉都动起来，兴奋之余，使人睡眠充足、精神饱满。

　　笑，也是一种运动，不断地变化发展。笑的声音有大有小；有远有近；有高有低；有粗有细；有速有慢；有真有假；有聪明

的，有笨拙的；有柔和的，有粗暴的；有爽朗的，有娇嫩的；有现实的，有浪漫的；有冰冷的，有热情的；如此等等，不一而足。这是笑的辩证法。

笑有笑的哲学。

笑的本质，是精神愉快。

笑的现象，是让笑容、笑声伴随着你的生活。

笑的形式，多种多样，千姿百态，无时不有，无处不有。

笑的内容，丰富多彩，包括人的一生。

笑话、笑料的题材，比比皆是，可以汇编成专集。

笑有笑的医学。笑能治病，神经衰弱的人，要多笑。

笑可以消除肌肉过分紧张的状况，防止疼痛。

笑也有一个限度，适可而止。有高血压和患有心肌梗死的病人，不宜大笑。

笑有笑的心理学。各行各业的人，对于笑都有他们自己的看法，都有他们的心理特点。售货员对顾客一笑，这笑是有礼貌的笑，使顾客感到温暖。

笑有笑的政治学。做政治思想工作的人，非有笑容不可，不能板着面孔。

读懂说明方法

举例子：依次列举出各种千变万化、千姿百态的笑，角度全面，内容充实。

笑有笑的教育学。孔子说："学而时习之，不亦说乎！"这是孔子勉励他的门生们要勤奋学习。读书是一件快乐的事，我们在学校里，常常听到读书声，夹着笑声。

笑有笑的艺术。演员的笑，笑得那样惬意，那样开心，所以，人们在看喜剧、滑稽戏和马戏等表演时，剧场里总是笑声不断。

笑有笑的文学，相声就是笑的文学。

笑有笑的诗歌。在春节期间，《人民日报》发表了有笑的诗。其内容是："当你撕下1981年的第一张日历，你笑了，笑了，笑得这样甜蜜，是坚信：青春的树越长越葱茏？是祝愿：生命的花愈开愈艳丽？嗬！在祖国新年建设的宏图中，你的笑一定是浓浓的春色一笔……"

笑，你是嘴边一朵花，在颈上花苑里开放。

你是脸上一朵云，在眉宇双目间飞翔。

你是美的姐妹，艺术家的娇儿。

你是爱的伴侣，生活有了爱情，你笑得更甜。

笑，你是治病的良方，健康的朋友。

你是一种动力，推动工作与生产前进。

笑是一种个人的创造，也是一种集体生活感情融洽的表现。

笑是一件大好事，笑是建设社会主义精神文明的一个方面。

让全人类都有笑意、笑容和笑声，把悲惨的世界变成欢乐的海洋。

读书笔记跟我学

好词积累

嫣然一笑　笑容可掬　捧腹大笑　手舞足蹈

（摘录理由：这些是笑的不同形态。）

优美句段

1.笑的本质，是精神愉快。

笑的现象，是让笑容、笑声伴随着你的生活。

笑的形式，多种多样，千姿百态，无时不有，无处不有。

笑的内容，丰富多彩，包括人的一生。

（摘录理由：通过排比句式概括出笑的特点。）

2.笑，你是嘴边一朵花，在颈上花苑里开放。

你是脸上一朵云，在眉宇双目间飞翔。

你是美的姐妹，艺术家的娇儿。

你是爱的伴侣，生活有了爱情，你笑得更甜。

（摘录理由：将笑形象化，生动地体现了笑在生活中的重要性。）

阅读感悟

通过讲述笑的产生、形态、意义，让大家知道笑在生活和社会建设中的重要性。

痰

请看历史的一幕:"清康熙六十一年,帝到畅春园……病症复重……御医轮流诊治服药全然无效,反加气喘痰涌……翌日晨……痰又上涌格外喘急……竟两眼一翻,归天去了。

我这篇科学小品就从这里开始。

痰是疾病的罪魁,痰是死亡的魔手,痰是生命的凶敌,痰使肺停止了呼吸,痰使心脏停止了跳动,多少病人被痰夺去了生命。

人们常说:"人死一口痰。"实际上不是一口,而是痰堵塞了肺泡、气管,使人缺氧、窒息,翻上来、吐不出的却只是那一口痰。

从宏观来看,痰的外貌是一团黏液。从微观来看,痰里有细菌、病毒、细胞、白血球、红血球、盐花、灰尘和食物的残渣。痰就是这些分子的结合体。

感冒、伤风、着凉是生痰之母,是生痰的原因。

气管炎、肺气肿、肺心病是痰的儿女,是生痰的结果。

咳嗽是痰的亲密伙伴,喷嚏是痰的急先锋,而哼哼则是痰的交响乐。

有了痰就会产生炎症,有了痰就会体温升高,这就导致急性发作或慢性迁延。

　　有了痰后应该积极进行治疗。自然首先是要服药，服中药中的化痰药：去痰合剂、蛇胆陈皮末、竹沥和秋梨膏。服西药的化痰药：氯化铵、利嗽平，包括消除炎症的土霉素、四环素、复方新诺明等药。一旦服药无效，情况严重，还要输液打针。常用的就是：青链霉素、庆大霉素、卡那霉素，必要时还要动用先锋霉素，当然，这要看是哪一种病菌在作怪而定。

　　然而，治莫过防；防患于未然，则事半功倍。怎样做到事先预防呢？第一，要预防感冒，小心着凉。传染病流行季节，不要到大庭广众中去。天气变凉时，要勤添衣服注意保暖。第二，一定要把痰吐在痰盂或手帕里。这一社会公德是为了避免病菌在广阔的空间漫游，产生更多进入人体的机会。不吸烟的人，不要去沾染恶癖。吸烟的人，一定要戒掉这生痰之"火"，否则，当你的生命进入中老年时期，就会陷入"喘喘"不可终日之中。

　　吸痰器也是人类和痰作战的有力武器。服药化痰固然是好，但光化不吸也是枉然。吸痰器的功能，就是要把痰从肺泡和气管中抽出来。自从有了吸痰器之后，老年人就不再愁患痰堵之苦。在有条件的情况下，甚至出外旅行也可以带着它走。

　　我希望在城市的每一条街道，在农村的每一个生产队都备有这种武器，这是老年人的福音，它可以挽救多少条生命——使这些人在晚年的岁月中，为四化建设贡献自己毕生积累的宝贵经验和思想财富。

梦 幻 小 说

　　梦是生活中的一部分，人人都有梦，人人都在做梦，梦的资料浩瀚如烟海。想想看，全世界有多少人？大约有 40 亿人吧。这么多的人，每天夜里都做梦，该有多少梦的故事呀？全部世界史，有多少人？总有几万兆人吧。这真像头发丝一样，像夜空的繁星一样，数也数不清。这么多的人，他们的一生几乎每夜都有梦，该有多少梦的史诗呀？这样多的梦，简直要用电子计算机来计算。

　　梦和幻想是一家，它们的祖宅在大脑皮层。

　　在大脑皮层，有数不清的神经细胞，它们都是梦的住所，传达梦的信息，演出梦的传奇。在梦的大家庭里，有记忆、回忆、思想、想象、幻想和虚构。梦首先是记忆的宠儿，没有记忆，就没有梦的存在，即使虚构的梦，也有记忆的基础。

　　人体器官是梦的办公室，视觉、听觉、嗅觉、触觉和味觉等感官，都是梦的会客室。

　　梦能看见东西，梦能辨别各种颜色，梦能听见声音，梦能嗅到花香，梦能辨别各种香味。

　　梦能辨别味道。有时睡眠中，闻到食物的香味，便会做起赴宴的美梦（用排比的修辞手法列举出在梦中见到的各种东西与各种味道，充分说明了梦中所见所闻之多，引起了人们的思索与遐想）。

五脏知梦。肺是梦的窗户，煤气中毒，梦也有预感。胃肠是梦的灶披间（方言，即厨房），胃肠出了乱子，细菌盗匪钻进灶披间，肚子泻的事就发生了。梦有先兆。心脏像大海，血液如流水，高血压、冠心病，梦都能探听出来。

最近，我看了《参考消息》上一篇关于苏联的报道。苏联一医学博士卡萨特金，积累了 23700 个梦的资料，经过分析得出结论：睡眠中的人的大脑，能够预知正在酝酿的某种病变，而那种疾病往往在几天、几个星期、几个月，甚至几年以后显示其外部症候。做梦能在某

种疾病的外部症候尚不明显的时候，就预先告诉人们这种正在酝酿着的病变而及早发现疾病，防患于未然。

视觉神经，对于来自人体内部的微弱刺激，也很灵敏。任何一个器官或组织的功能失调，它就发出信号，传达到睡眠中的大脑皮层，视觉神经中枢就把这种信息变成形象，引起梦幻。一般地说，这种刺激，往往会幻化成某种我们平时非常熟悉的事物。

卡萨特金的理论，应用范围很广，它不仅可以用作门诊大夫的一个重要参考，而且在刑事案件的审理方面，也得到了应用，取得了良好的结果。

梦有时是短暂的，有时是连续的，有时一瞬即逝，有时是长期的。

短暂的梦，只梦一人一事一物，如梦见你的爱人、你的朋友、你的长辈；如梦读书、梦写作、梦结婚；如梦你的玩具、你的红领巾、你的珍贵的礼品。

连续的梦，今天做了这个梦，明天又重演一番；今天做这个梦，隔了几年又接着做；今天梦见这个人，明天又梦到他。有的梦是长期的、漫长的、有故事情节，这种梦就是我拟议中的梦幻小说。

在梦中，我能和已去世的人在一起；在梦中，我能和死者、幸存者在一起；在梦中，我能和久别的亲友在一起；在梦中，我能和遥远的朋友在一起；在梦中，我曾和毛主席、周总理、朱德总司令握手；在梦中，我愉快地和祖父母、父母、姊妹、弟弟团聚。这是梦不可多得的收获（运用排比句式，列举在梦中见到的各种各样的人物，富有气势，让人觉得梦真是奇妙无穷）。梦是永恒的。

梦中有回忆，回忆中有梦，梦是有深刻的思想和浓厚的感情的，梦是有丰富的想象力的，梦是有无限的幻想能力的。

梦追忆过去，梦着眼现在，梦憧憬未来。

梦把我带到全世界各个角落去，从白人的国家到黑人的国家，从黄人的国家到红人的国家，环绕地球一周。梦使我飞上太空、深入地底、遨游海洋，多少街道、多少房屋、多少商店、多少城市和乡村，都曾在我梦中出现，我留恋它们，我怀念它们。我现在每天都在记日记，我的日记里，都记载着我每夜所做的梦。我的日记里有梦，梦里也有日记。有的梦记不清了，有的梦忘记了，忘个精光，睡时做梦，醒时忘，日记就是梦的备忘录。

婴儿第一次做梦，就是梦要小便，结果尿炕了；幼儿的梦，梦玩具游戏；儿童的梦，梦临红画画；青春的梦，梦结婚；少女的梦，梦爱情；战士的梦，梦冲锋陷阵；工人的梦，梦机器；农民的梦，梦丰收的喜悦；科学家的梦，梦创造发明；文学家的梦，梦写作成功；诗人的梦，梦写了一首得意的诗作；音乐家的梦，梦知音；美术家的梦，梦作品展出。

在舞台上，在银幕上，在电视里，都有梦的插曲。

梦有政治的梦，如梦见国家领导人；梦有教育的梦，如梦见学校生活；梦有军事的梦，如梦见战争的情景；梦有经济的梦，如梦见商品交易所；梦有国际的梦，如梦见出国考察。

短的梦，像短篇科幻小说；长的梦，像长篇科幻小说。梦的结果，有时是正面的，醒时精神抖擞；有时是反面的，丧事变成了喜事，凶就是吉。

梦啊，你属于我，我也属于你，我不能离开你。人不能一日无梦，建设精神文明需要你，你是我们的理想与希望的源泉。

不是吗？人类曾做过多少希望的梦，梦"上九天揽月"，梦"下五洋捉鳖"。而今的运载火箭、登月飞船、人类所开发的水底资源，不都是"科幻小说"的题材吗？

人类幻想去外星旅行。目前，各国正开创 UFO 的探索，还记载过有"外星密码"的来电等等，诸如此类。这不再是什么"梦幻"，而是不太遥远的明天了！

日有所思，夜有所梦。梦是第二精神，梦是社会科学中的一门学科，叫作"梦学"。梦是一种精神运动，不能离开物质、时间和空间。

人类历史上，有许多可歌可泣的梦。例如莎士比亚的喜剧《仲夏夜之梦》；例如《左传》里，梦二竖子（两个童子）而病入膏肓；例如《三国志通俗演义》中，诸葛亮的一首诗"大梦谁先觉？平生我自知"；例如《西游记》中，孙悟空大闹天宫，就是一场梦境；例如《水浒传》中，石碑上一百零八条好汉，也是从梦中得来的；例如《红楼梦》中贾宝玉梦游太虚幻境。此外，还有《榴花梦》《桃花梦》等，诸如此类，不胜枚举，恕我不多唠叨了。

灰尘的旅行

我 的 读 后 感

《灰尘的旅行》读后感

这个学期，我在语文书的指引下找到了一本书——《灰尘的旅行》。这本书让我知道了与人类世界一样，细菌也有自己的世界。

《灰尘的旅行》这本书把细菌拟人化，以第一视角来讲述细菌世界和人类发现研究细菌的过程。首先，我知道了几种传染病的元凶：像溶血性链球菌是猩红热的正凶，肺炎双球菌是肺炎的主犯，流行性感冒杆菌是流行性感冒的祸首……

接着，我又跟随菌儿去到了很多地方，像广阔的天空、一望无际的大海、各种动植物的身边、科学家研究室的培养皿等。当然，最有趣最神奇的还要说是人类的体内了。人体的每一个部分，都有可能成为细菌的温床。它们可以通过空气中的灰尘和昆虫进入人类和哺乳类动物的呼吸道，引起咽喉肿痛，进入肺部引起肺炎、感冒等种种疾病。更可怕的是它还可以进入人的血液、肠道，到达身体的各个部分，引起各种各样的疾病。这也告诉我们在日常生活中要养成良好的生活习惯：饭前便后要洗手，少吃或不吃零食，多多锻炼身体等等。

当然了，就像人有好人坏人，细菌也有好细菌和坏细菌。坏细菌会让我们生病，但好细菌却能为我们的衣食住行提供帮助。像酵母菌，有了它我们才能吃到松软可口的面包和馒头，才能喝到酸酸甜甜的酸奶；还有真菌，有了它，才能将垃圾和动植物的

303

尸体变成土地的肥料和养分。"落红不是无情物，化作春泥更护花"说的就是真菌腐蚀花瓣的过程。

读《灰尘的旅行》不像是在读书，更像是进行了一场有趣的科学之旅。旅途中所见识的种种，都让我增长见识。